高职高专艺术设计专业规划教材

建筑手绘快题设计与表现

钟鹤林　邸　锐　编著

中国建筑工业出版社

图书在版编目（CIP）数据

建筑手绘快题设计与表现 / 钟鹤林，邸锐编著 . —
北京：中国建筑工业出版社，2023.12
高职高专艺术设计专业规划教材
ISBN 978-7-112-29485-5

Ⅰ.①建… Ⅱ.①钟…②邸… Ⅲ.①建筑画—绘画
技法—高等职业教育—教材 Ⅳ.① TU204.11

中国国家版本馆 CIP 数据核字（2023）第 249481 号

本教材引用新颖的现代建筑造型案例、室内设计案例、经典家具造型，对建筑
手绘的工具、线条、透视、色彩等内容都进行了详细的讲解，同时融合课程思政内
容，旨在培养学生的专业基础和专业技能，以及职业发展的良好价值观念，充分激
发出学生的创意设计思维，帮助学生更快地适应今后所从事的专业工作及岗位。本
书适用于室内艺术设计、建筑室内设计、建筑装饰工程技术、艺术设计、环境艺术
设计专业高职高专学生。

扫码观看视频课

责任编辑：唐　旭
文字编辑：吴人杰
责任校对：王　烨

高职高专艺术设计专业规划教材
建筑手绘快题设计与表现
钟鹤林　邸　锐　编著
*
中国建筑工业出版社出版、发行（北京海淀三里河路 9 号）
各地新华书店、建筑书店经销
北京雅盈中佳图文设计公司制版
北京市密东印刷有限公司印刷
*
开本：787 毫米 × 1092 毫米　1/16　印张：9$\frac{1}{2}$　字数：209 千字
2024 年 6 月第一版　2024 年 6 月第一次印刷
定价：68.00 元（含增值服务）
ISBN 978-7-112-29485-5
（42225）

前　　言

随着建筑行业的不断变化和发展，建筑表现受到生成式人工智能（Artificial Intelligence Generated Content，简称 AIGC）的冲击，在 AIGC 的应用背景下，个人基本功显得相当重要，在建筑表现中，专业的手绘功底占有举足轻重的地位。

学习建筑手绘快题设计与表现，可以快速地记录创意设计灵感，目前很多行业内的大师在方案创意阶段都用了这种方法。同时，在与业主进行方案沟通时，优秀的手绘功底能给业主留下良好的印象，特别是在讲述一些设计细节时，手绘快题可以帮助设计师很快地讲述设计意图和创意想法。高职高专的同学学习建筑手绘，有助于在职业技能大赛和 1+X 的考证时取得良好的成绩。

本教材是精品课程"建筑手绘快题设计与表现"的配套教材，采用活页式、项目化任务教学，融合课程思政内容，引用设计手法新颖的现代建筑造型案例、室内设计案例、经典的家具造型案例，参考广州卓艺设计顾问有限公司和贵阳美之源装饰工程有限公司的实际项目案例，通过对工具的选择、线的练习、透视、单体、组合、构图取景、场景线稿、马克笔上色练习、单体上色、场景上色、其他材料表现、快题设计、优秀作品等内容的讲解，旨在培养学生的专业基础和专业技能，充分发挥学生的创意设计思维，帮助学生更快地适应专业的工作岗位。

本教材在编写过程中，由广州卓艺设计顾问有限公司设计总监、广州番禺职业技术学院副教授邸锐担任第二作者，得到贵阳美之源装饰工程有限公司胡志祥总经理的大力支持，以及课程团队杨逍教授、石莉莎老师、杨昌定老师和田敏老师的帮助。

编写过程中由于时间较为仓促和编者的学识水平有限，难免存在不足之处，望各位专家和读者朋友批评指正！

钟鹤林

2023 年 10 月

目　　录

项目一
工具的选择

概　述

　　在建筑手绘效果图的绘制过程中，工具和材料的选择至关重要，选择适合的建筑手绘工具，能够让我们绘画时更得心应手，最终呈现的作品也更让人满意。建筑手绘所需的工具有很多，常用的工具包括铅笔、钢笔、针管笔、水性笔、马克笔、高光笔、平行尺等。不同的工具对应不同的绘画方法，呈现效果也会不同。建筑手绘工具的选择没有固定的限制，可以根据个人的喜好和绘画方式进行选择。"工欲善其事，必先利其器"，在学习之前，需要了解每一种工具的种类、特性与表现效果。项目一主要对各种建筑手绘工具进行介绍，让学生了解每一种工具在建筑手绘表现中的作用和呈现的效果。

一、明确任务：教师讲解学习任务

（一）任务名称：工具的选择

（二）任务内容：选择工具

（三）任务目标：

1. 认知目标

（1）了解线条在手绘中的重要性

（2）了解线条的不同种类

2. 技能目标

熟练掌握不同种类的线条绘制技巧

3. 课程思政

环境保护

（四）教学方法：讲授、演示、PPT 教学

（五）要求课时：2 课时

二、教学实施计划

序号	项目任务与内容	学生任务	教师任务	实施场所	教学时间	备注
1	项目分析及目标、计划制订	1. 明确学习目标，制订实施计划； 2. 制定项目工作制度和考勤制度	1. 布置任务； 2. 审核计划	教室 （多媒体）	5 分钟	—
2	工具在手绘中的重要性	学生观看教师演示各种不同的工具，熟悉工具的使用	教师讲解建筑手绘常用的工具		10 分钟	—
3	不同手绘工具的选择	学生了解不同手绘工具的使用，注意不同材料的型号、属性等	教师讲解不同手绘工具的使用，注意不同材料的型号、属性等		35 分钟	—
4	学生搜集不同工具和使用材料	学生搜集不同工具和使用材料	教师巡回指导，答疑解惑		30 分钟	—
5	教师答疑	学生讨论	项目教学总结		10 分钟	—

常用工具：

1. 铅笔

铅笔是常用的建筑手绘工具之一。在使用铅笔时，使用者尽量轻拿轻放，避免其坠落，防止笔芯断裂。建筑手绘与快题设计常用的铅笔有以下三类，分别是素描铅笔、自动铅笔和彩色铅笔。

素描铅笔在快速表现中，根据不同粗细和不同力度，可以表现出不同的黑白层次效果。常用的铅笔硬度有 H、HB、2B、4B、6B 等，用于快速表现和草图阶段。H 表示硬质铅笔，B

图 1.1　素描铅笔

图 1.2　自动铅笔

图 1.3　彩色铅笔

表示软质铅笔。字母前面的数字越大，表示对应的软硬程度越大。在起稿或草图阶段，常用 2B 和 4B 铅笔（图 1.1）。

自动铅笔的运用比较多，相较于素描铅笔来说，使用起来更加方便。在快速绘图和草图设计时，可以提高作图的效率，推荐使用 0.35mm、0.5mm 和 0.7mm 的笔芯（图 1.2）。

彩色铅笔主要用于马克笔的色彩过渡，也可以单独用于彩色绘画，有较好的质感和肌理效果。彩色铅笔分水溶性和油性，不同性质的铅笔最终表现的效果也不一样（图 1.3）。

2. 钢笔

常用的钢笔有两种，分别是书写钢笔和美工钢笔。书写钢笔用于绘制细节和线条，而美工钢笔常用于绘制精细的图案和装饰。

在选择钢笔时，一定要检查钢笔的出水情况，要求不断墨、笔尖流畅、不挂纸、不漏墨等。书写钢笔一般是 0.5mm 的笔尖，绘画时更多选用明尖 0.38mm（EF 笔尖）或美工钢笔（弯笔尖），也可以根据个人喜好选择适合自己的钢笔（图 1.4）。

3. 针管笔

针管笔有不同粗细，选择针管笔时要注意笔的出墨是否均匀，握笔手感是否良好，特别是笔的针尖和笔杆是否保持笔直，常用有 0.1mm、0.3mm、0.5mm、0.8mm、1.0mm、2.0mm、3.0mm 等几种型号。针管笔在快题设计平面图、立面图和剖面图的绘制阶段用得比较多，绘制透视图时一般用得比较少（图 1.5）。

图 1.4　不同型号和不同品牌的钢笔

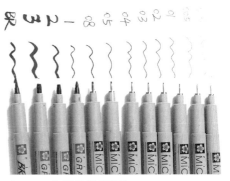

图 1.5　不同粗细的针管笔

4. 水性笔

水性笔，也称走珠笔，应选择手感比较好，用起来比较顺畅的水性笔，且笔尖随时保持干净。千万不能选择笔尖有露珠水的水性笔，这种笔会影响画面，造成画面不干净，绘画时甚至会影响心情。市面上的水性笔种类很多，不同品牌价格区间也不一样，可以根据自己的习惯和喜好选择，也可以选择不同颜色的水性笔（图 1.6）。

图 1.6　水性笔

5. 马克笔

市场上有不同品牌、不同颜色、不同粗细的马克笔供选择。马克笔具有快干、颜色轻薄、色彩明亮、色泽丰富、色彩覆盖性较弱的特点，重复运笔会有叠加的效果。若是重复多次绘画可能会出现把纸画毛、画破等现象，绘画时要注意马克笔的基本特性。马克笔也有油性和水性的区分，油性马克笔不溶于水，水性马克笔可以用水稀释和晕染，呈现渐变的效果。市场上常见的马克笔有两种类型的笔头，分别是发泡型笔头和纤维型笔头。

发泡型笔头较宽，一般约 8mm，适合画一些具有磨砂效果的物体，笔触比较柔和，色彩也比较饱满，快速运笔会出现"颗粒感"的效果，同时具有透气的感觉，层次较为丰富（图 1.7）。

纤维型笔头在市场较为多见，分别有约 5mm 和 7mm 两种常见的笔头，其笔触硬朗、干净犀利，笔头一般有多个面，不同的面可以画出不同粗细的线条效果。不同品牌、不同厂家生产的马克笔，表现的效果也不一样，学生可根据自己的喜好进行选择（图 1.8）。

图 1.7　发泡型笔头马克笔

图 1.8　纤维型笔头马克笔

一般常用的马克笔分别有：暖灰 WG1、WG3、WG5、WG7，冷灰 CG1、CG3、CG5、CG7、蓝灰 BG1、BG3、BG5、BG7，绿灰 GG1、GG3、GG5、GG7，红色系 R11、R12、R15、R16、R17、R19，黄色系 Y21、Y23、Y25、Y27、Y28、YG3，绿色系 GY51、GY53、GY54、GY55、GY56、G41、G42、G43、G44、G46、G48、GB62、GB63、GB67，蓝色系 B31、B34、B36、B37、PB76、PB77、PB78、PB79，紫色系 PR81、PR82、PR84，棕色系 YR102、YR103、

YR104、YR106、YR107、YR109，黑色（可多选几支备用）。在选择马克笔时，不同商家都搭配有不同色号的套装（分别是24色、36色、48色、60色和120色），学生可根据自己的专业方向选购（一般有动漫、建筑、室内、景观、规划和工业设计等方向）。同时，建议初学者制作一个色卡，后期上色方便查找每支马克笔的色号，同时在购买马克笔的时候，加选马克笔底座，方便马克笔收纳。

6. 高光笔

高光笔，也叫修正液，主要用于玻璃、射灯、场景氛围点缀等高光地方的应用（图1.9）。

图1.9 不同型号的高光笔

7. 平行尺

市场上一般的平行尺都是30cm刻度的，这种长度方便携带，在A3纸和A4纸上绘画，其长度比较适用。在平行推进时，平行尺上边的滚筒，方便手握，有助于快速拿起和放下，大大提高绘图效率（图1.10）。

图1.10 平行尺

8. 三角比例尺

三角比例尺，常用于绘制平面图、立面图和剖面图。它可以根据比例刻度的大小来进行绘制，以便准确表达空间的大小和尺度关系。常用的比例刻度包括1：100、1：200、1：250、1：300、1：400和1：500。根据选择的比例刻度，我们可以绘制出符合实际尺寸的平面图、立面图和剖面图，从而更好地展示设计和规划（图1.11）。

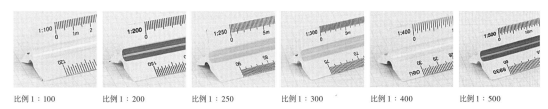

比例1：100 比例1：200 比例1：250 比例1：300 比例1：400 比例1：500

图1.11 三角比例尺

9. 蛇形尺

蛇形尺是一种特殊的曲线尺，在绘图过程中可以自由弯曲，适合初学者使用。它主要用于一些较难掌握的曲线造型。当我们需要绘制复杂的长曲线时，蛇形尺能够提供更大的灵活性和便利性，帮助我们更好地绘制这些曲线。无论是平滑曲线还是急转弯，蛇形尺都能够满足我们的需求，并为我们带来更好的绘图体验（图1.12）。

图1.12 蛇形尺

10. 纸胶带

纸胶带，也称分色带，多用于固定画纸，也有用于马克笔上色时，遮住笔触画超出去的部分，能很好地控制画面边界。在选购时，一般选用1.5cm 的宽度，不能选黏性太大的，黏性太大容易撕坏画面（图 1.13）。

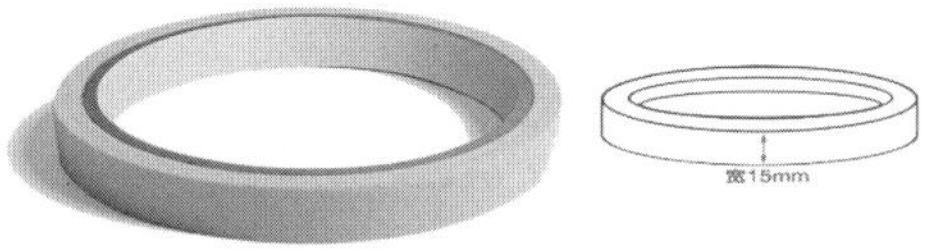

图 1.13　纸胶带

11. 橡皮

橡皮，是在使用铅笔进行绘画时必不可少的工具，主要用于草图的初步构思。一旦完成线稿，橡皮可以轻松擦除铅笔绘画的痕迹，使画面保持清爽和整洁。市场上有许多不同品牌的橡皮可供选择，选择时应挑选具有细腻质感和柔软触感的橡皮，能够在擦拭干净的同时不会损害纸张表面。

图 1.14　橡皮

对于绘画来说，建议选择 4B 等级的橡皮，以获得画面整洁的效果（图 1.14）。

选择适合的工具，能使我们更加高效地练习建筑手绘，从而事半功倍。这样做既可以避免在挑选工具上浪费时间，也能减少绘画工具和材料的浪费。因此，在手绘过程中，选择合适的工具，并合理利用它们，不仅可以提高画面效果，还对资源节约、环境保护有着积极的影响。

项目二
线的练习

概　述

线条在建筑、室内、园林景观和规划设计的手绘表现中扮演着重要的角色。掌握线条的绘制技巧和表现方法对于我们在设计创意和效果图阶段起着关键作用。线条记录并表达着设计师的灵感，通过线条，设计师能够与管理者、施工工人和业主之间进行最直接、最快捷的沟通。线条的长度、间距、粗细、速度以及不同方向的变化，可以组合出各种不同的视觉效果，传达出不同的视觉感受和情感。

一、明确任务：教师讲解学习任务

（一）任务名称：线条的练习

（二）任务内容：不同种类线条的绘制方法

（三）任务目标：

1. 认知目标

（1）了解线条在手绘中的重要性

（2）了解线条的不同种类

2. 技能目标

熟练掌握不同种类的线条绘制技巧

3. 课程思政

通过学习中国传统绘画中的白描技法，感受中华民族的传统文化

（四）教学方法：讲授、演示、PPT 教学

（五）要求课时：12 课时（分 3 次，每次 4 课时）

二、教学实施计划

序号	项目任务与内容	学生任务	教师任务	实施场所	教学时间	备注
1	项目分析及目标、计划制订	1. 明确学习目标，制订实施计划；2. 制定项目工作制度和考勤制度	1. 布置任务；2. 审核计划		5分钟	—
2	线条在手绘中的重要性	学生通过欣赏手绘草图、效果图，了解线条在手绘中的重要性	理论讲解、图片欣赏、案例分析相结合的教学方法	教室（多媒体）	10分钟	—
3	不同种类的线条绘制方法与技巧	学生观看教师对不同种类线条绘制的讲解和示范	理论讲解、图片分析、教师示范		55分钟	—
4	对不同种类的线条进行练习	学生进行线条练习	教师巡回指导，答疑解惑		100分钟	—
5	教师讲评	学生进行思考	项目教学总结		10分钟	—

线条种类：

线条在建筑手绘表现中扮演了基础的角色，如果想要绘制出优秀的作品，就需要不断地进行练习。在实际运用中，线条有许多不同的类型和形态，如横线、竖线、长线、短线、曲线、圆线、波浪线、折线等。根据练习的方法，可以从以下线条形式进行练习：横短线、横长线、竖短线、竖长线、曲线、圆线、椭圆、抖动线、折线、格子线、放射线等。

1. 横短线

练习横短线是为了快速掌握线稿的基础，并为之后使用马克笔上色做准备。在练习过程

中，要保持冷静，笔触也要稳定自信。通常，练习横短线时会将一张 A4 纸对折成两半，练习时要迅速、准确，有力地起笔、运笔和收笔，间距约为 3~5mm（图 2.1）。

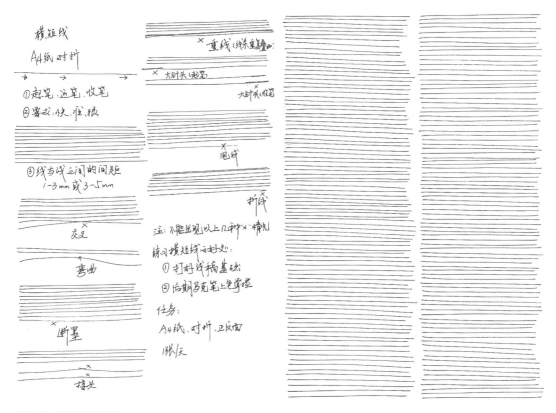

图 2.1　横短线的练习

在练习时，应注意以下几个方面：

（1）线条之间不要交叉；

（2）线条保持水平，不要弯曲；

（3）控制运笔的速度，并注意笔尖与纸张的接触，绘画时，要保持线条的连续性（如果笔的墨水不足，请考虑更换一支不易断墨的笔）；

（4）起笔和收笔时，避免出现折返或空心的现象；

（5）不要在同一条线上重复画来回线，这样会使线条的表现力不足，显得不干净、不流畅，画面也会显得混乱。

任务：A4 纸对折、画正反面，1 天画 1 张，坚持每天练习。

2. 横长线

横长线在建筑绘画中可以用来辅助构图和形体表现。然而，在练习横长线时，掌握水平是一个挑战，因此需要注意避免心烦气躁。通过练习横长线可以提高绘画者扎实的基本功，并培养良好的造型能力和空间感（图 2.2）。

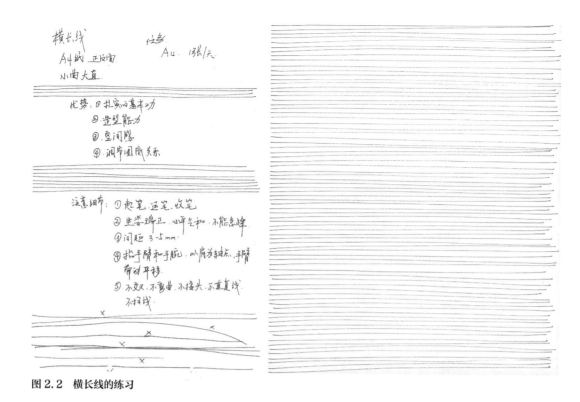

图 2.2　横长线的练习

在练习时，应当注意以下几个方面的内容：

（1）讲究起笔、运笔和收笔；

（2）坐姿要端正，要做到心平气和，切忌心烦气躁和操之过急；

（3）保持 3~5mm 宽的间距来练习，若相当熟练时，可以适当缩小间距；

（4）抬手腕和手臂，以肩关节为轴点，手臂带动笔平移；

（5）做到不交叉、不能有太大的弯曲、不接头、不重复画线等。

任务：A4 纸、画正反面、1 天画 1 张，坚持每天练习。

3. 竖短线

绘画中，竖线往往难以画出完全垂直的效果，因此我们需要多加练习，揣摩和追求垂直线条的感觉。在刚开始练习时，可以缓慢而匀速地画线，通过一段时间的练习和肌肉适应，逐渐提高画线速度，同时保持均匀且快速的笔触，以达到最佳的竖线效果。

在绘制竖短线时，需要保持正确的坐姿，尽量保持笔触的垂直性，避免画斜线。

控制线条之间的间距，一般应保持在 3~5mm 之间，以确保线条的整齐和统一；竖短线的画法注重快速、稳定和准确，要尽量避免颤抖和不连贯的线条。

通过不断练习竖短线，逐渐掌握并画出更加垂直的线条，提高绘画技巧和准确性。记住要保持耐心，并且随着练习的进行，逐渐提高练习速度，同时保持稳定的手部动作，才能获得最佳的竖线效果（图 2.3）。

图 2.3 竖短线的练习

该类线条的绘画要注意的几个方面：

（1）线条的起笔、运笔、收笔；

（2）不能出现针线头；

（3）不能画交叉，也不能画重复；

（4）线条与纸面保持垂直，尽量不要画歪；

（5）不能出现无力的飞笔。

任务：A4 纸对折、画正反面、1 天画 1 张，坚持每天练习。

4. 竖长线

竖长线是很难画好的线条，讲究线的垂直，在绘画时要注意控制运笔的速度，同时要求快、稳、准，保持线条流畅，也要注意竖线的间距和绘画时的坐姿（图 2.4）。

任务：A4 纸对折、画正反面，1 天画 1 张，坚持每天练习。

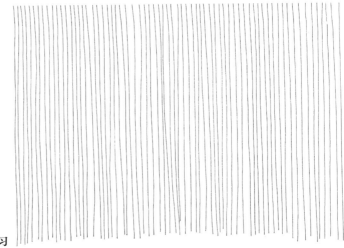

图 2.4 竖长线的练习

5. 椭圆

在绘画中，如果要画出流畅自然的椭圆线条，建议尽量一气呵成，以一笔到位的方式完成。椭圆形状多出现于绘制墙面装饰、家具陈设中的桌几、室内筒灯、射灯等，通常是由物体在空间中产生透视关系所形成的视觉效果。要画好这些装饰造型，需要多加观察、多加练习，以精准地表现各式造型（图 2.5）。

任务：横向、竖向画椭圆，A4 纸对折、画正反面，1 天画 1 张，坚持每天练习。

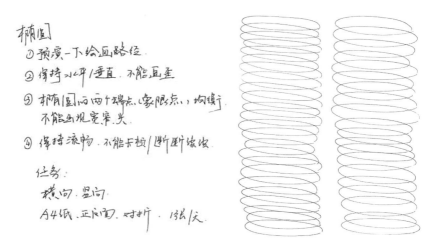

图 2.5　椭圆的练习

6. 圆

有古书记载："圆，一中同长也"。圆在我们生活中有很多不同的用处，圆具有很强的向心性，经常被设计师用来表达空间的暗示和进行场景氛围的营造，所以画好圆也是很关键的，特别是在我们练习建筑手绘时，用好圆这一形状非常重要。在练习圆的线条时，一般老师都会告诉学生圆是由正方形切割出来的，俗有"宁方勿圆"之说，但在快速绘画时，学生不可能慢慢地去切割，往往都是很快速地一笔到位。要想画好圆，就只有加强练习（图 2.6）。

练习正圆：要注意起笔线头与收笔线头的力度，最好不要画扁，尽可能每一次都画得很圆，若是难以下笔时，可以抬起手在画纸上预演一下圆的路径。通过正圆的练习，可以快速掌握画圆的基本技巧。

练习同心圆：要注意圆的同心，同时也要注意圆与圆之间的间距。练习时，可以从小圆到大圆和从大圆到小圆的不同方向进行反复练习。经过同心圆的练习，可以很快掌握圆在空间中的一些应用。

同时练习圆和椭圆：要注意大小和方向上的变化，每个椭圆的上下象限点或者左右象限点要靠在正圆的边缘上，加强练习以手臂肌肉适应各种方向上的变化。把圆和椭圆一起练习，可以很快掌握圆的变化和方向。

任务：A4 纸、画正反面，1 天画 1 张，坚持每天练习。

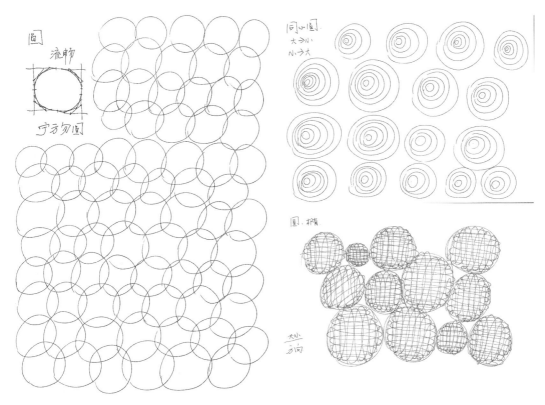

图 2.6　圆的练习

7. 方向线

方向线，又称射线或者"米"字线，这种线条主要用于画透视的变线和一些硬质家具的轮廓线。在练习时，要注意线条不能交叉，也不能弯曲，尽可能地让线去追逐每一个方向上的点，从而练习手掌控笔的精准程度，需要心、眼、手三者的配合（图 2.7）。

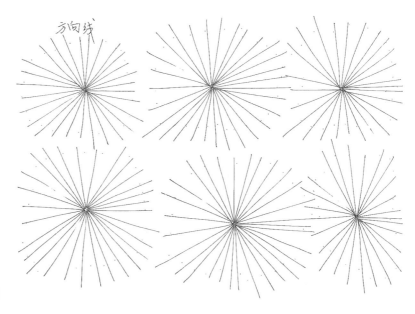

图 2.7　方向定点线的练习

任务：A4 纸、画正反面（建议一面画 6 个左右，注意线条疏密关系），1 天画 1 张，坚持每天练习。

8. 格子线

格子线主要用于绘画各种造型的暗部和投影，练习时格子是任意绘画的，也可以根据一些有趣的形状来增加练习的趣味性，要注意线条疏密关系，每个格子的排线不能超出边界线，也不能出现画不到边界线上等情况（图 2.8）。

任务：A3 纸，1 天画 1 张，坚持每天练习。

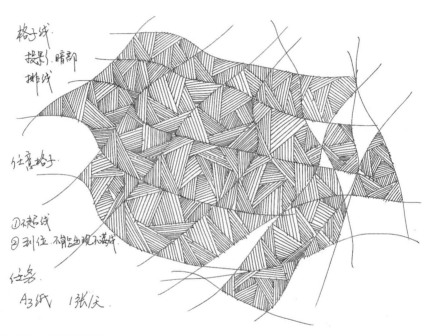

图 2.8 格子线的练习

9. 叶线

叶线，是绘画艺术中的一种独特技巧，通过对线的粗细、长短、虚实、疏密、缓急等方面的把握，营造出画面的韵律感和节奏感，使作品具有生动的气韵和深邃的意境。然而，叶线的掌握并非易事，需要经过大量的练习和摸索。其练习方法有：

（1）掌握基本笔画

要练习叶线，首先需要熟练掌握基本笔画。基本笔画包括横、竖、撇、捺、折、点等，只有熟练掌握了基本笔画，才能很好地进行叶线的练习。

（2）观察和模仿

观察和模仿是学习叶线的重要途径。通过观察自然形态和优秀作品，可以了解叶线的基本形态和表现手法，为自己练习叶线提供参考和借鉴。同时，可以通过模仿优秀的叶线作品，来提高自己的叶线技巧。

（3）勤练笔力

叶线的优美与否，与笔力有很大关系。要想练就出色的叶线，必须勤练笔力。笔力的练习可以通过悬腕、枕腕、肘腕等方法进行，这些方法可以锻炼手腕的灵活性和稳定性，为叶线的练习打下坚实基础。

（4）注重线条的节奏和韵律

叶线的美感主要来自于线条的节奏和韵律。在练习叶线时，要注意线条的粗细、长短、虚实、疏密、缓急等方面的搭配，使线条富有变化，产生动感和韵律感。

（5）融会贯通，形成自己的风格

在练习叶线的过程中，要善于总结和归纳，将所学知识融会贯通，形成自己的叶线风格。只有形成自己的风格，才能在绘画艺术的道路上独树一帜。

叶线不论是在室内、建筑、园林景观和规划等领域运用很多，还可运用于软质装饰，在场景中起到柔化场景、营造场景氛围的作用，是绘画者基本功扎实与否的体现。这要求我们在练习时，一定要表现出叶线的大气、干练、自由、不拘束。通常有以下几种基础练习方法：①倒"几"字线的练习；②"W"线的练习；③"M"线的练习；④倒"人"字线的练习等。经过以上几种线的基础练习，再把它们融合在一起，可以得到较为理想的效果（图2.9）。

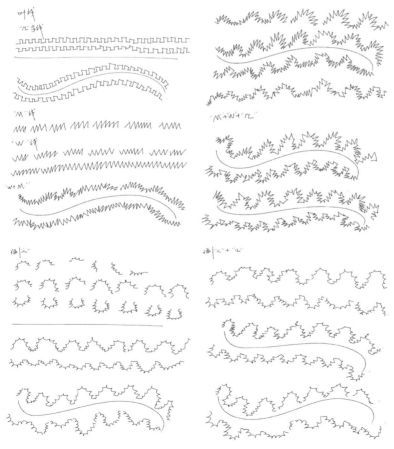

图 2.9　叶线的练习

一般在练习的时候都是先练习各种叶线的基本形，分别从每一个小组开始练习，若是在练习的过程中出现不顺手的情况，可以换一下笔的方向，或者有意识地断一下笔。练习完每一个小组后，再进行横向或者竖向的练习，最后再融合叶子生长的高低起伏的形态，以团状和簇状来练习。

任务：A4 纸正反面，1 天画 1 张，建议用碎片时间来练习。

10. 抖线

抖线，也称缓线，是指通过抖动运笔，使线条产生动态效果，从而提升画面的视觉冲击力和观感，这种线条在绘画中很有艺术味道，讲究"小曲大直"，可以很好地解决长线条画不直的问题，画短抖线时注意抖的弧度不能太大，画长抖线时注意断笔，可留一个小间隔，画一条长抖线更不能重线和交叉，要注意线条的流畅（图 2.10）。

11. 曲线

曲线在实际生活中非常常见，它具有流畅、优美、柔和的特点。常见的一种练习曲线的方法是通过三点连线。在进行曲线练习时，确保曲线的连线轨迹是流畅的，要尽量避免断断续续或颠簸不平的笔触；可以试着将手臂抬起来，这样更容易保持连贯性和流畅性；注意手腕和手臂的协调运动，保持手部动作的稳定性，以画出更准确和流畅的曲线（图 2.11、图 2.12）。

图 2.11　曲线的练习 1

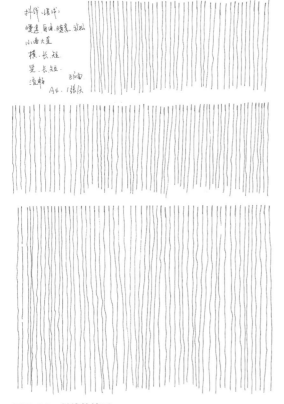

图 2.10　抖线的练习

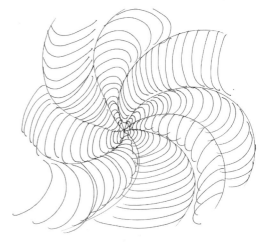

图 2.12　曲线的练习 2

　　我们通过反复的练习，逐渐掌握正确的曲线绘制技巧，同时要不断的坚持并保持耐心，相信会获得令人满意的成果。

　　通过对以上几种基本线条的学习和练习，我们掌握了建筑手绘线条的一些基本练习方法。可以从我国古代白描的技法上学习，掌握一些线条的练习技法，感受古代绘画的诀窍，领悟古人的智慧和精深的中华传统文化。

　　白描就是在稿子打成后，用墨线勾勒成的独立而完整的中国画作品。自古以来，中国画就把线作为造型的基本手段。从远古时期到唐宋以后，线条从简单稚拙逐渐走向成熟。南齐，谢赫提出的"六法论"中，"骨法用笔"就是其中非常重要的一条，指的就是笔法和线条。白描作为一个独立的画种相传始于唐代的吴道子，当时叫"白画"。

　　高古游丝描：此法以平稳移动为主，粗细如一，如"春蚕吐丝"，连绵弯曲，不用折线，也没有粗细的突变，含蓄、飘忽，使人在舒缓平静的联想中感到虽静犹动。因其极细的尖笔线条，故用尖笔时要圆匀、细致，东晋画家顾恺之常用此法。在运笔时利用笔尖，用力均匀，达到线条较细，但又不失劲力的效果。其行笔细劲的特点，一般适宜于衣纹飞舞的表现（图2.13）。

图2.13　高古游丝描

　　钉头鼠尾描：此法首创于北宋的武洞清，用笔坚挺借兰叶之法，起笔按下产生的点如钉头，收笔渐细，形如鼠尾，故此得名。钉头鼠尾描，关键是起笔钉头和落笔鼠尾这一特征，运笔顿挫有力（图2.14）。

　　铁线描：此法方直挺进，所绘衣纹有沉重之感，用中锋行笔凝重圆劲，无丝毫柔弱之迹。适合于较为庄重的题材，其特点是粗细大致均匀，像铁丝一样坚韧有力（图2.15）。

图2.14　钉头鼠尾描　　　　　　图2.15　铁线描

行云流水描：其状如云舒卷，白如似水，转折不滞，连绵不断。线条比较长，所以运气时要长而连贯，避免产生断笔、滞笔，注意线条的特征是圆（图2.16）。

图2.16 行云流水描

减笔描：减笔，虽线条概括、简练，但笔简意远，非常耐看。创作时要切记抓住形体，以最简略之笔写之。南宋马远、梁楷常用此法。注意线条的起落笔及抑、扬、顿、挫都要清楚可辨，且墨线长而富于变化。在复描正稿时，运笔要干净利索，一气呵成（图2.17）。

图2.17 减笔描

思考与练习

1.思考各种线条的特点以及绘制方法。

2.练习绘制不同种类的线条。

项目三
透 视

任务一 平行透视（一点透视）

一、明确任务：教师讲解学习任务

（一）任务名称：平行透视（一点透视）

（二）任务内容：平行透视（一点透视）的绘制方法

（三）任务目标：

1. 认知目标

（1）了解透视的原理以及规律

（2）理解平行透视（一点透视）的特点及规律

2. 技能目标

熟练掌握平行透视（一点透视）的绘制方法

（四）教学方法：讲授、演示、PPT 教学

（五）要求课时：2 课时

二、教学实施计划

序号	项目任务与内容	学生任务	教师任务	实施场所	教学时间	备注
1	项目分析及目标、计划制订	1. 明确学习目标，制订实施计划；2. 制定项目工作制度和考勤制度	1. 布置任务；2. 审核计划	教室（多媒体）	5 分钟	—
2	透视的原理以及规律	学生通过讨论分析现实生活中有关于透视的现象，理解透视的原理以及规律	理论讲解、图片欣赏、案例分析相结合的教学方法		10 分钟	—
3	平行透视（一点透视）的绘制方法	学生观看教师对平行透视（一点透视）绘制方法的讲解和示范	理论讲解、图片分析、教师示范		35 分钟	—
4	运用平行透视（一点透视）绘制方法，进行室内空间的绘制练习	学生进行平行透视（一点透视）练习	教师巡回指导，答疑解惑		30 分钟	—
5	教师讲评	学生进行思考	项目教学总结		10 分钟	—

透视的含义及画法

透视意为"透过而视之"，含义就是通过透明平面（透视学中称为"画面"，是透视图形产生的平面），观察、研究透视图形的发生原理、变化规律和图形画法，最终使三维景物的立体空间形状落在二维平面上。

透视在现实生活中，一般表现为"近大远小、近高远低，近实远虚"的规律。

（1）视点：观察者眼睛所在的位置（EP点）；

（2）视平线：与观察者眼睛等高的一条水平线（HL线），一般在画面中处于1/3到1/2之间；

（3）测点：测量物体透视深度的点（M点）；

（4）消失点：也称灭点（VP），在场景中透视变化线消失的点，平行透视只有一个消失点（也称一点透视），成角透视有两个消失点（也称两点透视），倾斜透视有三个消失点（也称三点透视）。

一点透视在生活中较为常见，一点透视的场景给人一种庄重、严肃的感觉，在表现一点透视的空间时，要注意避免画面呆板，尽量准确表达空间真实尺度。

一点透视画法1：

（1）在场景中画一个假设长为5m、高为3m的长方形ABCD；

（2）在长方形ABCD的1/3处作一条视平线（HL）；

（3）在视平线（HL）的中点处作一点为消失点（VP）；

（4）从点VP处分别通过A、B、C、D作延长线，确定透视线；

（5）从长方形ABCD的D点向左移动6m，即得到测点（M_6），对应到HL线得到M点，通过M分别向M_1、M_2、M_3、M_4、M_5、M_6作延长线，得到每1m在空间中的透视变化点，在水平方向上延长透视变化点的线，得到透视纵深线；

（6）在透视纵深线上，根据场景中的家具或物体的长宽高，画出相应的图形（图3.1）。

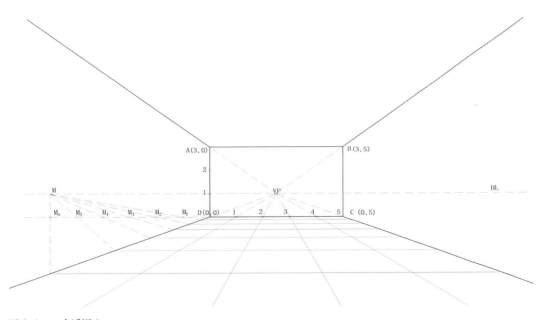

图3.1 一点透视1

一点透视画法 2：

（1）在 A3 纸上画一条横向的中线（视平线 HL），并在这条线上取中点，即消失点 VP；

（2）在 A3 纸上画出正方形（一点透视总是有一个面与画面保持水平和垂直），在正方形的两个或者三个端点上作虚线连接到 VP，这条虚线就是这个小正方形的消失线（图 3.2）；

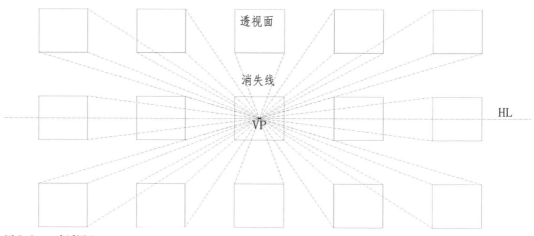

图 3.2　一点透视 2

（3）根据连接的消失线，切割出正方体，可以观察不同正方体一点透视的变化，正方体离消失点越近的面越小，消失线越短（图 3.3）。

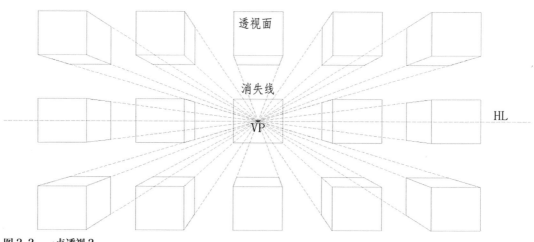

图 3.3　一点透视 3

参照以上的图形案例练习一点透视的空间感，掌握练习方法（图 3.4）。

一点透视体块的练习是手绘的基本功，它主要通过对体块的穿插、错位、重叠，以及体块的大小、方向和形状的变化进行练习。这种练习不仅有助于培养想象力和发挥创意，同时也可以让我们深入了解透视变化的规律，从而在绘画中创造出新的空间造型和视觉感受，使作品更具艺术魅力。

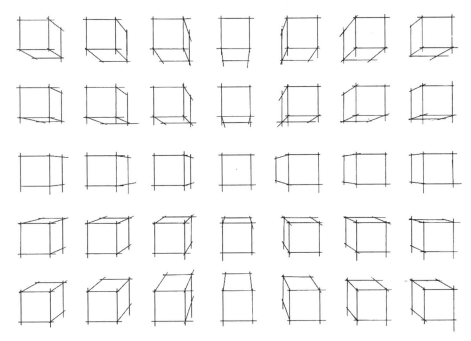

图 3.4　一点透视 4——方盒子练习

　　此外，通过自由练习一点透视体块，我们还能增强手臂肌肉的记忆，进一步提升手绘技巧。投入这个充满挑战和乐趣的艺术世界中，我们可以尽情地探索和创造，发挥自己的想象力和创造力，创作出独一无二的艺术作品。

　　让我们一同沉浸于艺术的海洋中，不断挑战自我，享受艺术创作带来的乐趣和成就感。相信通过持续的努力和实践，我们的绘画技巧将不断提高，我们的作品也会不断精进（图 3.5、图 3.6）。

　　一点透视的场景应用（图 3.7）。

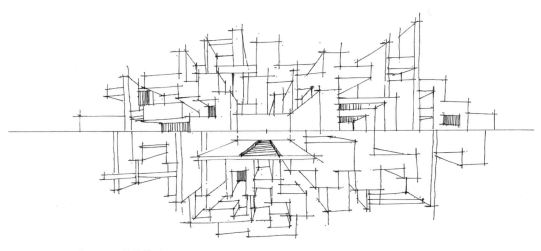

图 3.5　一点透视 5——体块练习

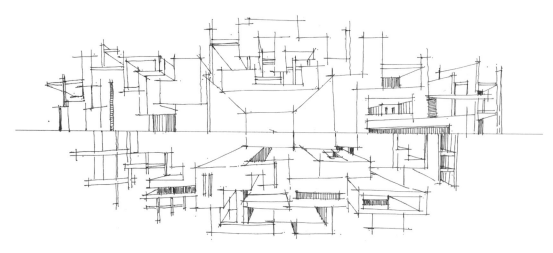

图 3.6　一点透视 6——体块练习

图 3.7　一点透视室内应用

任务二　成角透视（两点透视）

一、明确任务：教师讲解学习任务

（一）任务名称：成角透视（两点透视）、三点透视、散点透视

（二）任务内容：成角透视（两点透视）的绘制方法

（三）任务目标：

1. 认知目标

理解成角透视（两点透视）的特点及规律

2. 技能目标

熟练掌握成角透视（两点透视）的绘制方法

（四）教学方法：讲授、演示、PPT 教学

（五）要求课时：2 课时

二、教学实施计划

序号	项目任务与内容	学生任务	教师任务	实施场所	教学时间	备注
1	项目分析及目标、计划制订	1.明确学习目标，制订实施计划；2.制定项目工作制度和考勤制度	1.布置任务；2.审核计划	教室（多媒体）	5 分钟	—
2	成角透视（两点透视）的绘制方法	学生观看教师对成角透视（两点透视）绘制方法的讲解和示范	理论讲解、图片欣赏、案例分析、教师示范		70 分钟	—
3	运用成角透视（两点透视）绘制方法，进行室内空间的绘制练习	学生进行成角透视（两点透视）练习	教师巡回指导，答疑解惑		10 分钟	—
4	教师讲评	学生进行思考	项目教学总结		5 分钟	—

　　两点透视的画面效果较为自由、活泼，接近人眼的视角，画面具有真实感，我们在绘画时要注意角度的选择，尽可能控制画面不要变形。

　　两点透视画法 1：

　　（1）在 A3 纸上画一条横向的中线（视平线 HL），并在这条线上作一个中点 O，假设把一个 1500mm × 2000mm 床的一角放在 O 点上，且与 HL 线的夹角为 45°；

　　（2）以 O 为圆心，画一个圆，确定左消失点（VP$_1$）和右消失点（VP$_2$），向下作垂线交于圆的象限点（确定视点 EP），连接 EP 与 VP$_1$ 和 VP$_2$ 的线，再以 EP 与 VP$_1$ 和 VP$_2$ 的线为半径

作圆弧得到左测点（M_1）和右测点（M_2）；

（3）根据 O 点向下的垂线 3m 的位置，画一条水平线左边线段 AO_1=1500mm，右边线段 O_1B=2000mm，再通过 M_1 和 M_2 连接 B 和 A 两个点，得到这个床的 1500mm 透视变线的长度和 2000mm 透视变线的长度，再以它们的交点作垂线，作床的高度并连接消失线，这样得到一个床的两点透视的长方体，根据长方体的透视关系描绘床的轮廓线和结构线，最终得到一个床的两点透视的造型。

（4）场景中其他造型，用同样的方法即可得到（图 3.8）。

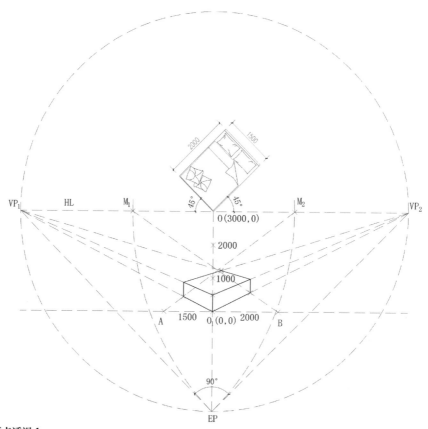

图 3.8　两点透视 1

两点透视画法 2：

（1）在 A3 纸上画一条横向的中线（视平线 HL），并在这条线上分别作两个消失点 VP_1 和 VP_2；

（2）在 A3 纸上画出垂直线（两点透视总是有一条线与画面保持垂直），在垂直线的两个端点上作虚线连接到 VP_1 和 VP_2，这几条虚线就是这个小方盒子的消失线（图 3.9）；

（3）根据连接的消失线，切割出小方盒子，可以观察不同小方盒子两点透视的变化，小方盒子的透视线离视平线 HL 越近越平缓（图 3.10）。

参照以上的图形案例练习两点透视的空间感，掌握练习方法（图 3.11）。

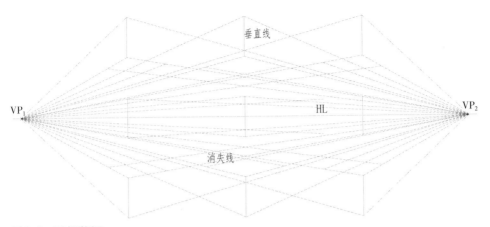

图 3.9　两点透视 2

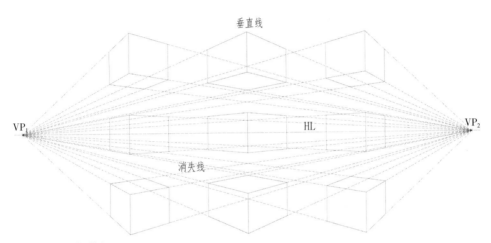

图 3.10　两点透视 3

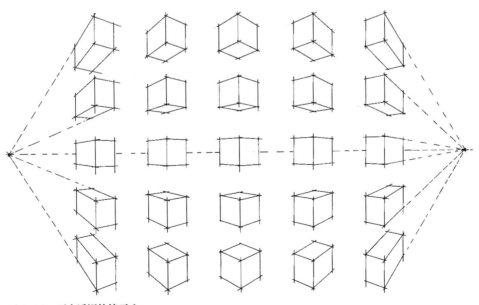

图 3.11　两点透视的练习 1

　　两点透视体块的练习，要注意透视变线的交点，绘画时要注意垂直线与视平线的垂直关系。形体与形体之间相互穿插、交错、重叠、错位，徒手练习可以很好地掌控每个形体变化效果，以及掌握两点透视变线的规律（图 3.12）。两点透视的场景应用如图 3.13 所示。

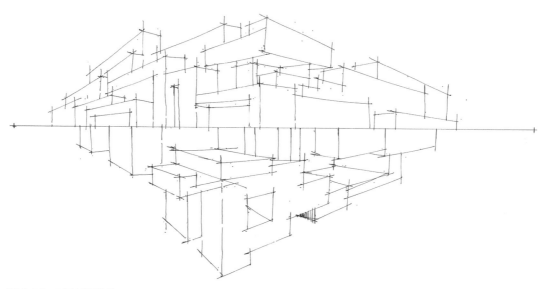

图 3.12　两点透视的练习 2

图 3.13　两点透视建筑

任务三 三点透视、散点透视

一、明确任务：教师讲解学习任务

（一）任务名称：三点透视、散点透视

（二）任务内容：三点透视、散点透视的绘制方法

（三）任务目标：

1. 认知目标

理解三点透视、散点透视的特点及规律

2. 技能目标

熟练掌握三点透视、散点透视的绘制方法

3. 课程思政

学习我国山水画，掌握散点透视原理

（四）教学方法：讲授、演示、PPT教学

（五）要求课时：2课时

二、教学实施计划

序号	项目任务与内容	学生任务	教师任务	实施场所	教学时间	备注
1	项目分析及目标、计划制订	1.明确学习目标，制订实施计划； 2.制定项目工作制度和考勤制度	1.布置任务； 2.审核计划	教室（多媒体）	5分钟	—
2	三点透视、散点透视的绘制方法	学生观看教师对三点透视、散点透视绘制方法的讲解和示范	理论讲解、图片分析、教师示范		70分钟	—
3	学生运用三点透视、散点透视绘制方法，进行室内空间的绘制练习	学生进行三点透视、散点透视练习	教师巡回指导，答疑解惑		10分钟	—
4	教师讲评	学生进行思考	项目教学总结		5分钟	—

三点透视又叫倾斜透视，是一种用于绘制三维图形的透视投影方法。它通过在画面上确定三个点，即视点、俯视点和侧视点，来描述一个三维物体在二维画面上的投影。其中，视点是观察者所在的位置，俯视点是物体上方的观察位置，侧视点是物体侧面的观察位置。通过连接这三个点，可以得到一个三角形，这个三角形的三个顶点分别对应物体在前、左、右三个方向上的投影位置。在绘制三维图形时，可以通过这个三角形来确定物体在画面上的位

置和形状。三点透视是各种透视里面视觉冲击力最强的一种透视，一般用于表现高层建筑（图 3.14）。三点透视的场景应用如图 3.15 所示。

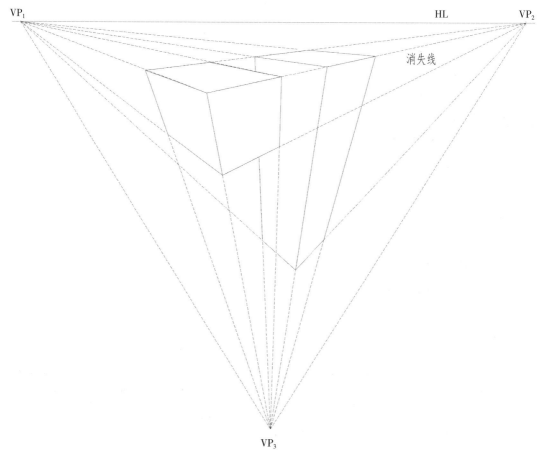

图 3.14　三点透视

　　散点透视，也称多点透视，是一种绘画技巧，用于绘制具有深度感的场景。在这种技巧中，画家通过将场景中的物体排列成透视图形，以模拟三维空间中的视觉效果。

　　散点透视的主要原理是将场景中的物体分解成无数个点，并通过这些点的位置和密度来表现物体的形状和大小。画家通常会选用一个或多个视角来观察场景，并通过调整视角的位置和高度来控制场景中物体的透视效果。使用散点透视技巧可以绘制出非常逼真的场景，例如街道、城市、自然景观等（图 3.16、图 3.17）。

　　散点透视的场景应用如图 3.18 所示。

图 3.15　三点透视建筑

图 3.16　散点透视 1（五代　荆浩《渔乐图卷》）

图 3.17　散点透视 2（五代　董源《潇湘图卷》）

图3.18　散点透视建筑

思考与练习

1.简述一点透视、两点透视的特点及规律。

2.分别用一点透视、两点透视，绘制不同角度的方体。

3.思考如何运用透视的规律，绘制室内整体空间。

项目四
单 体

任务一　室内家具的线稿表现

一、明确任务：教师讲解学习任务

（一）任务名称：室内家具的线稿表现

（二）任务内容：室内家具的线稿表现

（三）任务目标：

1. 认知目标

（1）了解单体的结构特点

（2）了解不同材质单体的表现方法

2. 技能目标

（1）熟练掌握单体绘制方法

（2）掌握单体的透视规律

3. 课程思政

我国从"席地而坐"到"垂足而坐"的历史

（四）教学方法：讲授、演示、PPT教学方法

（五）要求课时：2课时

二、教学实施计划

序号	项目任务与内容	学生任务	教师任务	实施场所	教学时间	备注
1	项目分析及目标、计划制订	1.明确学习目标，制订实施计划；2.制定项目工作制度和考勤制度	1.布置任务；2.审核计划	教室（多媒体）	5分钟	—
2	分析单体的结构特点	学生观看教师对单体的结构特点的分析与讲解	理论讲解、图片分析、教师示范		30分钟	—
3	单体绘制练习	学生观看教师示范并进行练习	教师示范、巡回指导，答疑解惑		45分钟	—
4	教师讲评	学生进行思考	项目教学总结		10分钟	—

从"席地而坐"到"垂足而坐"：商周时期，坐具主要为筵和席，人们席地而坐。柔软的草是席，结实的竹是筵，席在上筵在下。慢慢的，产生席坐礼仪——席不正不坐，群居五人，必有主席（长者、有身份的人，坐主席）。

隋唐时期，椅子正式登上坐具舞台，垂足而坐逐渐占据主流。"椅，也作倚"，受车旁围栏的启发，坐具开始有了靠背，"椅子"的名称也被广泛使用。

明清时期，是坐具集大成时期，无论是种类、造型、材质、工艺都达到顶峰。圈椅、官帽椅、靠背椅、玫瑰椅等形式的椅子已经非常成熟，凳子和坐墩也被广泛使用，种类空前增多。

室内空间的陈设是由各种单体组成的，这在手绘表现中扮演着至关重要的角色。单体能够极大地烘托室内空间氛围，并在视觉上产生层次感。因此，在绘画中，我们需要特别关注单体的基本造型，并且要了解单体在透视方面的变化规律。

单体家具，是室内设计的重要环节之一，也是设计师进行创意构思的出发点。在手绘练习时，一般先从单体开始练习（图4.1~图4.16）。

图 4.1　单体家具 1

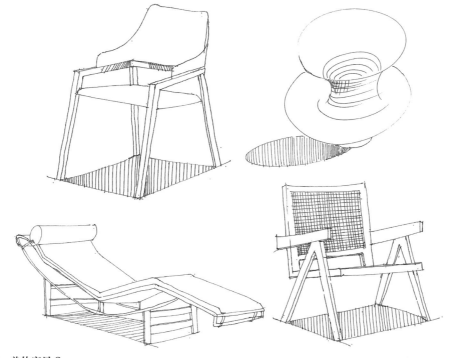

图 4.2　单体家具 2

图4.3 单体家具3

图4.4 单体家具4

图 4.5　单体家具 5

图 4.6　单体家具 6

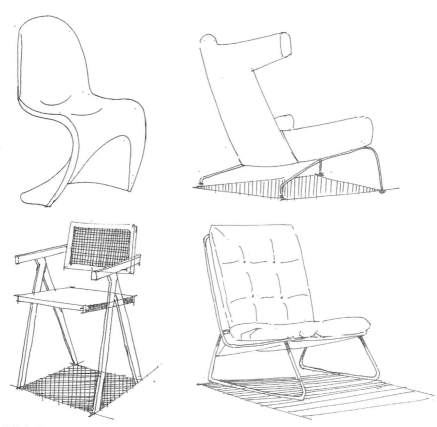

图4.7 单体家具7

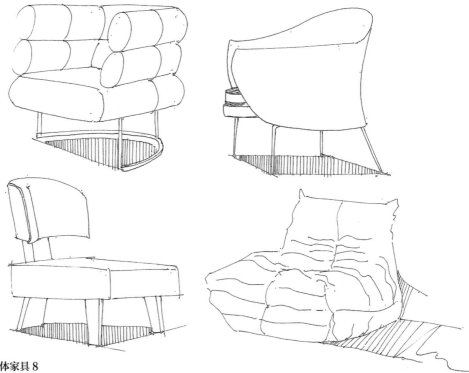

图4.8 单体家具8

图 4.9　单体家具 9

图 4.10　单体家具 10

图4.11　单体家具11

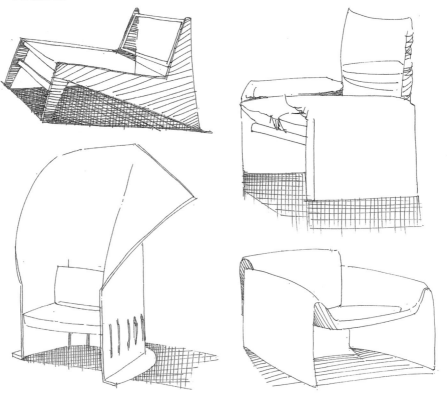

图4.12　单体家具12

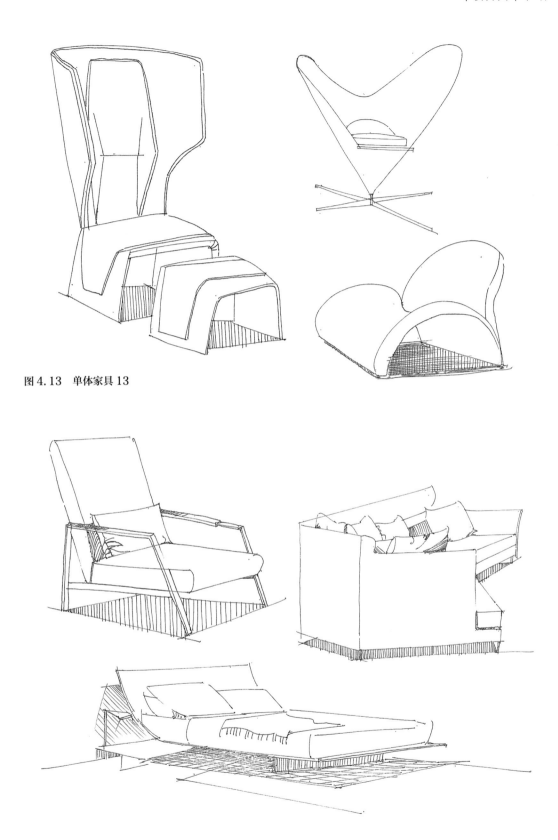

图 4.13　单体家具 13

图 4.14　单体家具 14

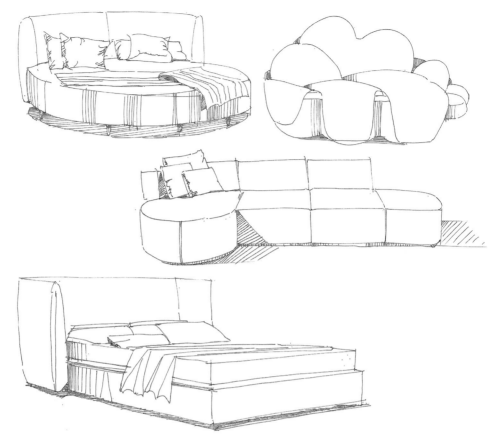

图 4.15　单体家具 15

图 4.16　单体家具 16

任务二　建筑、产品的线稿表现

一、明确任务：教师讲解学习任务

（一）任务名称：建筑、产品的线稿表现

（二）任务内容：建筑、产品的线稿表现

（三）任务目标：

1. 认知目标

了解建筑、产品绘制的处理手法

2. 技能目标

掌握建筑、产品绘制方法

（四）教学方法：讲授、演示、PPT 教学

（五）要求课时：2 课时

二、教学实施计划

序号	项目任务与内容	学生任务	教师任务	实施场所	教学时间	备注
1	项目分析及目标、计划制订	1.明确学习目标，制订实施计划； 2.制定项目工作制度和考勤制度	1.布置任务； 2.审核计划	教室 （多媒体）	5分钟	—
2	分析建筑、产品的线稿处理手法	学生观看教师对建筑、产品线稿处理手法的分析与讲解	理论讲解、图片分析、教师示范		30分钟	—
3	单体绘制练习	学生观看教师示范并进行练习	教师示范、巡回指导，答疑解惑		45分钟	—
4	教师讲评	学生进行思考	项目教学总结		10分钟	—

在绘画单体建筑时，我们需要注意一些处理手法的运用，例如穿插、削切、拉伸、断裂、重复、嵌套、旋转、扭曲和错位等。这些处理手法可以为建筑增添独特的风格。

同时，在描绘建筑单体时，我们也要关注建筑的空间结构和光影变化规律。通过准确把握建筑物的体积感和立体感，我们可以创造出更加生动和逼真的作品。此外，线条的处理也是非常重要的，我们应该力求让线条干净利落，以突出建筑的结构和形式。

细致观察建筑的细部构造和材质，注重光影效果的表现，能够使我们的绘画作品更加真实而富有深度。通过不断的学习和实践，我们可以提高自己的绘画技巧，创作出精彩而引人入胜的建筑单体作品（图 4.17~ 图 4.22）。

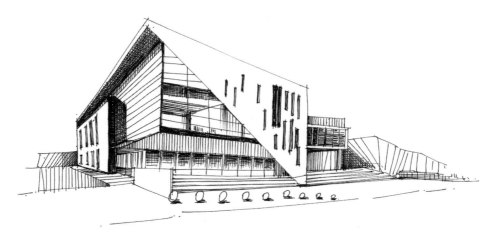

图 4.17　单体建筑作品 1

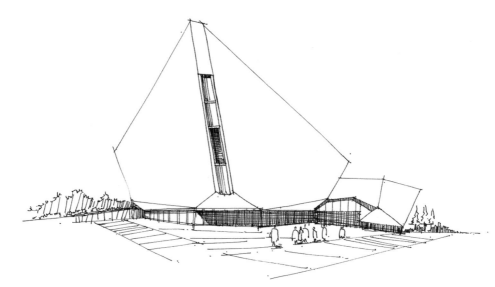

图 4.18　单体建筑作品 2

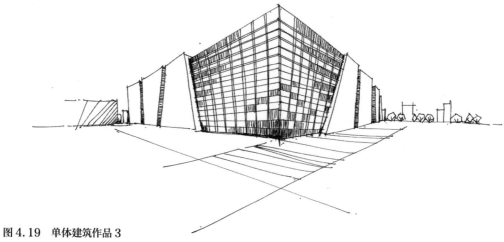

图 4.19　单体建筑作品 3

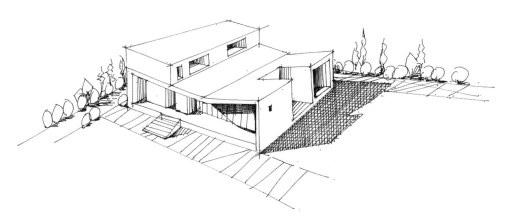

图 4.20　单体建筑作品 4

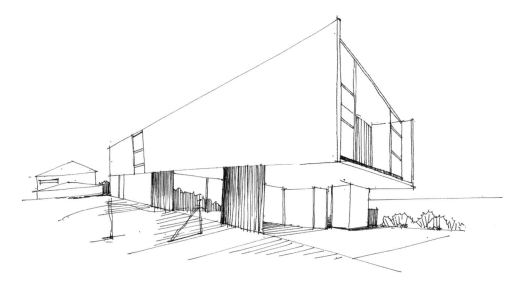

图 4.21　单体建筑作品 5

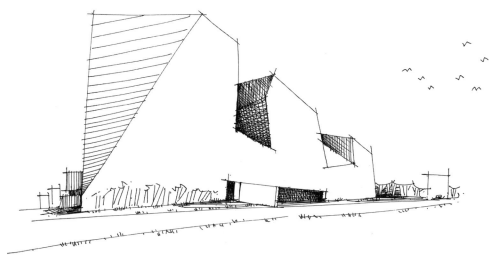

图 4.22　单体建筑作品 6

　　在建筑手绘中，产品的表现主要以灯具为主，在塑造这种类型的产品造型时，要注意保持线条流畅，形态自由（图 4.23~ 图 4.25）。

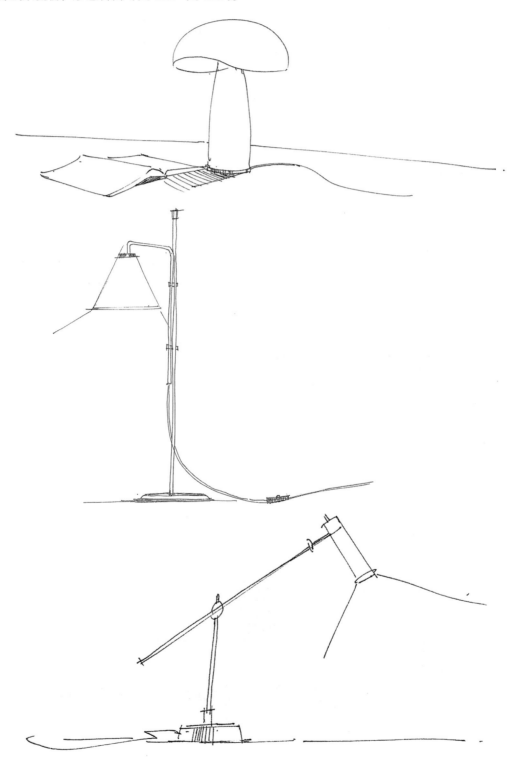

图 4.23　灯具产品 1

图4.24 灯具产品2

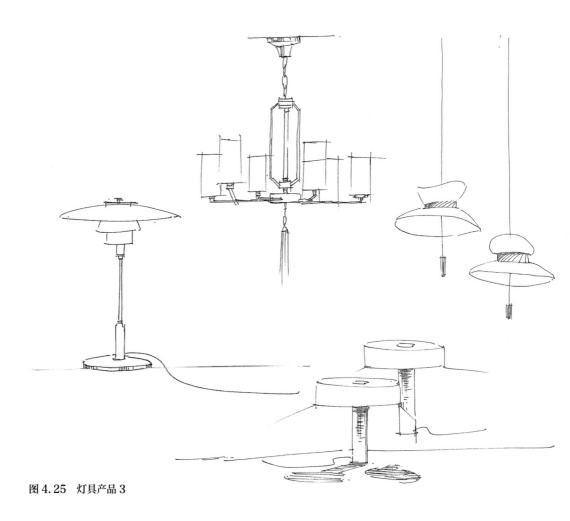

图 4.25 灯具产品 3

思考与练习

 1. 搜集室内单体的实物照片并进行绘制。

 2. 搜集室外建筑的实景照片，结合临摹进行写生照片练习。

项目五

组　合

一、明确任务：教师讲解学习任务

（一）任务名称：家具、建筑的组合表现

（二）任务内容：家具、建筑的组合表现

（三）任务目标：

1. 认知目标

了解家具、建筑的组合表现

2. 技能目标

掌握家具、建筑的组合表现

（四）教学方法：讲授、演示、PPT 教学

（五）要求课时：2 课时

二、教学实施计划

序号	项目任务与内容	学生任务	教师任务	实施场所	教学时间	备注
1	项目分析及目标、计划制订	1. 明确学习目标，制订实施计划；2. 制定项目工作制度和考勤制度	1. 布置任务；2. 审核计划	教室（多媒体）	5 分钟	—
2	分析家具、建筑的组合表现	学生观看教师对家具、建筑组合表现的分析与讲解	理论讲解、图片分析、教师示范		30 分钟	—
3	学生进行练习	学生观看教师示范并进行练习	教师示范、巡回指导，答疑解惑		45 分钟	—
4	教师讲评	学生进行思考	项目教学总结		10 分钟	—

家具组合

家具组合是指由多种单体家具组成的一种整体家具设计形式，其目的是通过组合的方式实现家居风格的整体化、生活方便化、环境整洁化，以及结合时尚、潮流，让生活变得更便捷、舒适。家具组合可以由同一种家具类型组成，如组合柜、组合桌等，也可以由不同种类的家具组成，如床、衣柜、书柜等（图 5.1~ 图 5.3）。

建筑组群

单体建筑是建筑组群的基本构成单元，并相互联系、相互作用，组成了具有明确使用功能与特定空间形态的建筑组群。在绘画时，需要注意建筑的错位、穿插、层叠等关系（图 5.4）。

图 5.1 家具组合 1

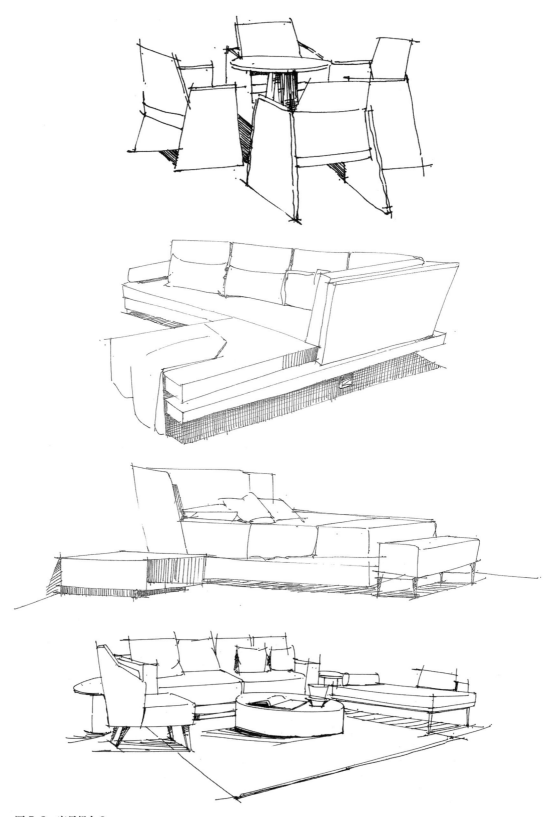

图 5.2　家具组合 2

图 5.3　家具组合 3

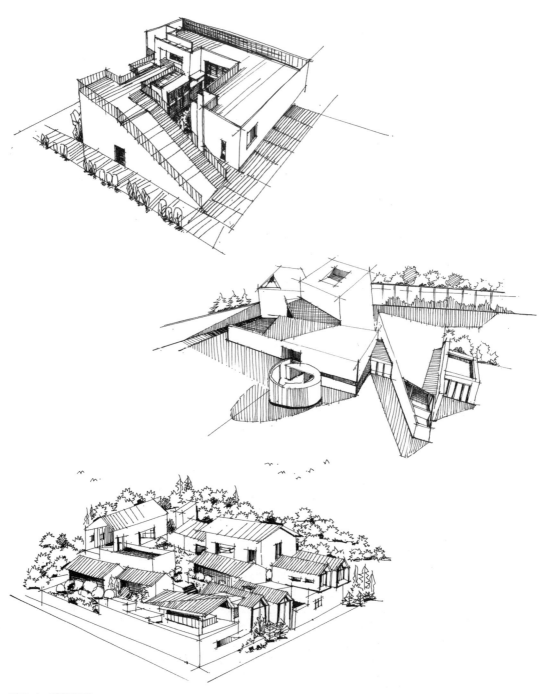

图 5.4 建筑组群

思考与练习

1. 搜集室内单体组合的实物照片并进行绘制。

2. 运用所学的设计知识，自行设计并绘制家具组合。

项目六
构图取景

一、明确任务：教师讲解学习任务

（一）任务名称：构图取景

（二）任务内容：不同构图取景的方法

（三）任务目标：

1. 认知目标

（1）了解不同构图取景的方法

（2）了解构图中容易出现的问题

2. 技能目标

掌握不同构图取景的方法，并运用在绘图中

3. 课程思政

对称布局在我国古代皇家建筑中的应用

（四）教学方法：讲授、演示、PPT 教学

（五）要求课时：2 课时

二、教学实施计划

序号	项目任务与内容	学生任务	教师任务	实施场所	教学时间	备注
1	项目分析及目标、计划制订	1.明确学习目标，制订实施计划；2.制定项目工作制度和考勤制度	1.布置任务；2.审核计划		5分钟	—
2	了解不同构图取景的方法	学生通过欣赏手绘草图及效果图，了解不同构图取景的方法	理论讲解、图片欣赏、案例分析相结合的教学方法	教室（多媒体）	10分钟	—
3	不同构图取景的方法，在绘图过程中的运用	学生观看教师对不同构图取景方法的讲解和示范	理论讲解、图片分析、教师示范		35分钟	—
4	学生进行练习	学生进行绘图练习	教师巡回指导，答疑解惑		30分钟	—
5	教师讲评	学生进行思考	项目教学总结		10分钟	—

构图是指在绘画过程中，将画面中的元素进行布局和组合的方法。构图的好坏直接影响到画面的美观程度和艺术效果。以下是几种常见的绘画构图方法：

九宫格构图法

用两条水平线和两条垂直线将画面九等份，会得到四个交叉点。将主题元素置于线的交点之上，画面效果既突出主题，又更为舒适（图6.1）。

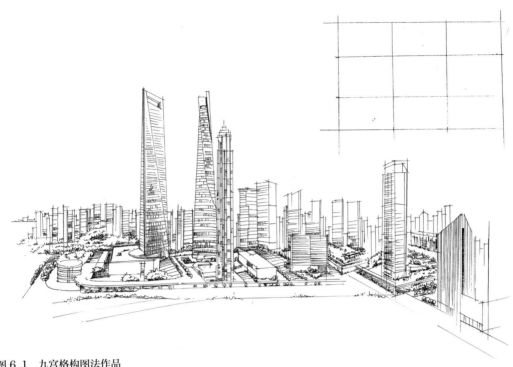

图 6.1 九宫格构图法作品

引导线构图法

引导线构图法可以营造画面的韵律感，可用于表现河流、道路、护栏、海浪或山棱线等，利用自然曲线作为画面的引导，有助于将看图的人的视线集中在最重要的元素上，也可以利用墙壁、规则图形等作为引导线（图 6.2）。

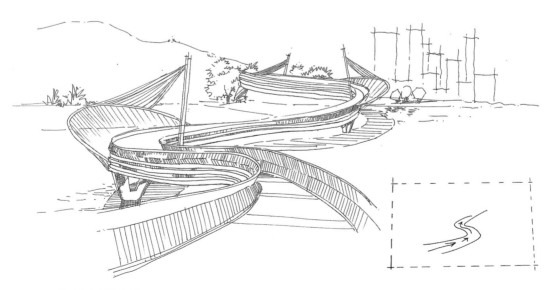

图 6.2 引导线构图法作品

对角线构图法

运用对角线构图法的画面会给人一种运动的感觉。斜线的倾斜角度越大，运动的感觉也就越强烈（图6.3）。

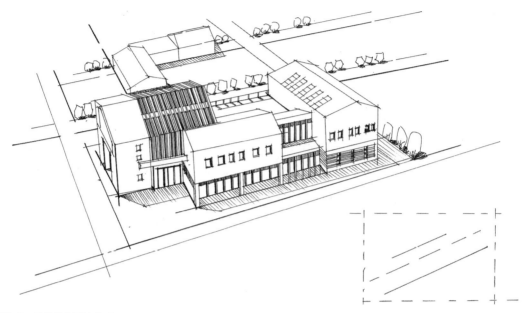

图6.3 对角线构图法作品

三角形构图法

三角形具有稳定性，通常给人一种均衡踏实的感觉，多用于表现安静的画面环境（图6.4）。

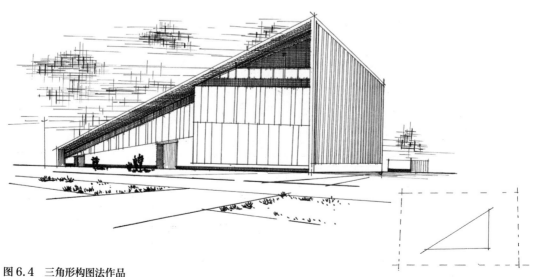

图6.4 三角形构图法作品

"S"形构图

"S"形构图是指物体以"S"的形状从前景向中景和后景延伸，这种构图的特点是画面比较生动，富有空间感，构成纵深方向的空间关系（图6.5）。

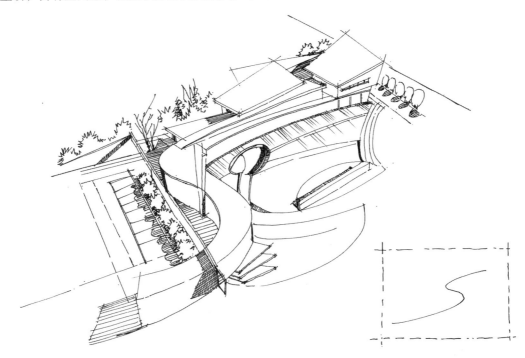

图6.5 "S"形构图法作品

放射性构图法

放射性构图法的画面由一个中心点向四周扩散，起到导向的作用。画面开阔、舒展、散开、冲击力强（图6.6）。

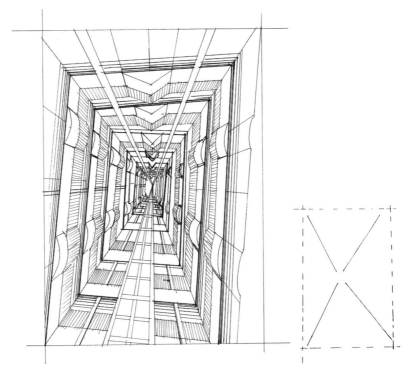

图6.6 放射性构图法作品

圆形构图法

圆形构图让画面有一种紧凑感，能将人的视线不断地引向圆心，从而起到视觉聚焦的作用（图6.7）。

图6.7 圆形构图法作品

中心构图法

中心构图的视觉感受是第一眼就能很直观地发现主体的位置，画面主体明确，重点突出。此构图法在绘制一些极简风格的风景画或是静物画的时候用得较多（图6.8）。

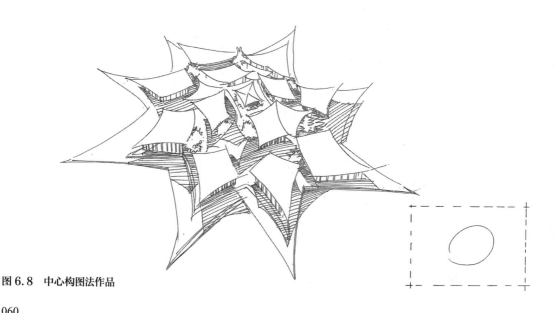

图6.8 中心构图法作品

水平线构图法

水平线构图法可以给人带来不同的视觉感受。如果将水平线居中放置，能够给人以平衡、稳定之感；如果将水平线下移，能够表达天空的高远；而如果将水平线上移，则可以展现出大地或湖泊海洋的广阔（图6.9）。

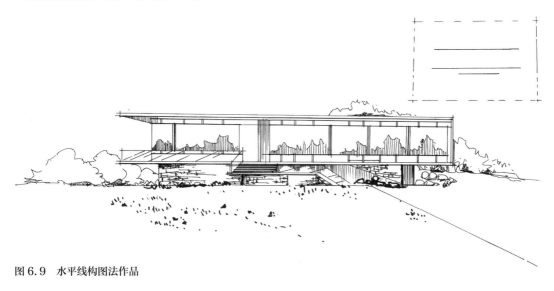

图6.9　水平线构图法作品

垂直构图法

垂直构图法是一种比较特殊的构图方法，它能够将画面中的主体与背景区分开来，让照片看上去更加简洁，同时也能突出被拍物体的结构比例优势，从而提升整个画面的视觉冲击力（图6.10）。

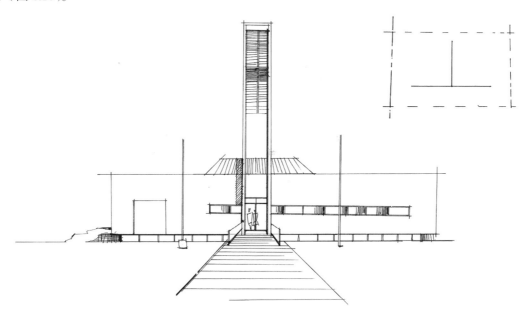

图6.10　垂直构图法作品

对称布局在我国古代皇家建筑中得到了广泛应用。古代皇家建筑通常具有严格的对称性，这反映出中国古代文化中对平衡、稳定和秩序的追求。以下是一些在古代皇家建筑中对称布局的应用：

宫殿建筑：古代皇家宫殿建筑通常具有严格的对称性，例如故宫。宫殿建筑的设计通常是以中轴线为基准，两侧的建筑和景观都是对称的。这种布局使得宫殿建筑看起来更加宏伟、壮观（图6.11）。

图6.11 故宫

园林建筑：古代皇家园林建筑通常也具有对称性，例如颐和园。园林建筑的设计通常是以一个中心点为基准，周围的建筑和景观都是对称的。这种布局使得园林建筑看起来更加优美、和谐（图6.12）。

图6.12 颐和园

此外，还有防御守卫建筑，例如八达岭长城，也具有对称性，通常是以中轴线为基准，两侧对称。这种布局使得其看起来更加坚固、稳定（图6.13）。

图 6.13　八达岭长城

手绘构图中，一般遵循以下原则（图6.14）：

（1）先确认画面在纸的1/2处，再找准画面的中心点，有利于经营画面；

（2）确定画面的1/3位置，可以快速地寻找视平线所在的位置；

（3）常见视平线在画面的上下1/3至1/2之间，这样的画面效果会更好；

（4）构图偏左，会影响画面的完整和美观，画面比例失衡；

（5）构图偏右，会影响画面的完整和美观，画面比例失衡；

（6）构图偏上，视平线过高会影响画面的美感；

（7）构图偏下，视平线过低会影响画面的美感；

（8）构图太满，给人一种局促、喘不过气的感觉，进深感会很弱；

（9）构图太小，会让人觉得画面过于小气，不过画面进深感较强。

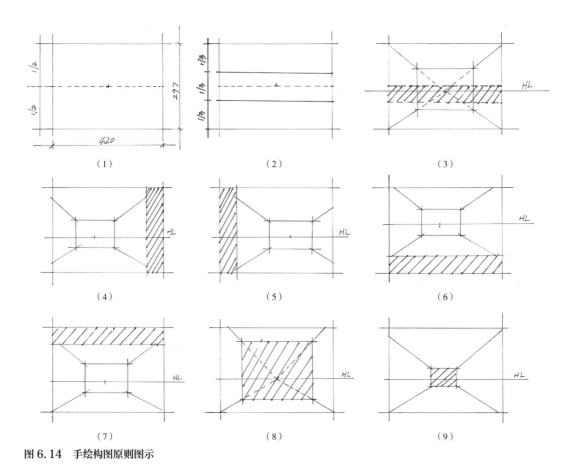

图 6.14　手绘构图原则图示

思考与练习

1.搜集各种不同构图取景的案例，每一种取景方式需收集 5 个以上的参考图片。

2.根据收集的参考案例，选一个自己最感兴趣的取景方式进行绘制，注意构图形式的问题。

项目七
场景线稿

一、明确任务：教师讲解学习任务

（一）任务名称：场景线稿

（二）任务内容：场景线稿

（三）任务目标：

1. 认知目标

了解场景线稿的绘制方法

2. 技能目标

掌握场景线稿的绘制方法，并运用在绘图中

（四）教学方法：讲授、演示、PPT 教学

（五）要求课时：2 课时

二、教学实施计划

序号	项目任务与内容	学生任务	教师任务	实施场所	教学时间	备注
1	项目分析及目标、计划制订	1. 明确学习目标，制订实施计划；2. 制定项目工作制度和考勤制度	1. 布置任务；2. 审核计划	教室（多媒体）	5 分钟	—
2	了解场景线稿的绘制方法	学生通过欣赏场景线稿，了解绘制方法	理论讲解、图片欣赏、案例分析相结合的教学方法		10 分钟	—
3	学生进行练习	学生观看教师讲解和示范，并进行练习	教师示范、巡回指导，答疑解惑		65 分钟	—
4	教师讲评	学生进行思考	项目教学总结		10 分钟	—

场景线稿是为了快速表达和呈现创意方案或意向图而设计的。它能够在与甲方沟通时快速传达设计意图，让甲方更好地了解设计方案。此外，通过场景线稿，我们还可以快速记录生活中的美好瞬间。

因此，在绘制场景线稿时，我们需要注意表现速度和效率。清晰简洁的线条可以让观众更好地理解设计的构思。同时，我们也应该注重画面的整体构图和比例关系，以营造出更加逼真和生动的场景。

室内线稿

在绘画时，要注意场景的基本框架和整体关系，也要注意家具风格、细节与整体的协调（图 7.1~ 图 7.6）。

建筑线稿

在绘画过程中，我们需要注意建筑物之间的转折关系，以及场景的叙事变化关系。同时，还要注重室外场景的协调配合。

图 7.1　室内线稿 1

图 7.2　室内线稿 2

图 7.3　室内线稿 3

　　首先，对于建筑物之间的转折关系，在绘画时要准确捕捉建筑面与面之间的连接和变化，包括角度的变化、材质的差异或是形状的转折等。通过准确表现建筑物之间的转折关系，可以增强画面的立体感和真实感。

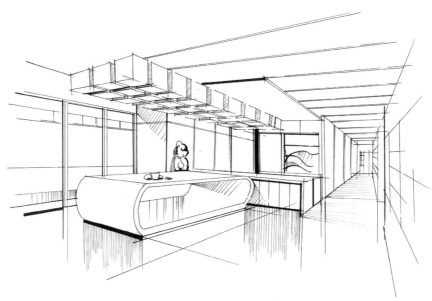

图 7.4　室内线稿 4

图 7.5　室内线稿 5

　　其次，对于场景的叙事变化关系，我们应该注重画面的层次和节奏。通过合理安排不同元素的位置和大小，达到引人入胜的叙事效果。

　　最后，在处理室外配景时，我们需要注意建筑物和整个画面的协调，包括颜色的搭配、光影的处理以及背景元素的选择。通过合理处理室外配景，可以增强整个画面场景的氛围和主题。

图 7.6　室内线稿 6

　　总之，绘画中要注重建筑物之间的转折关系、场景的叙事变化关系以及室外配景的协调。这些因素能够使作品更加生动、有趣，同时可以提升欣赏者的艺术体验感（图 7.7~ 图 7.30）。

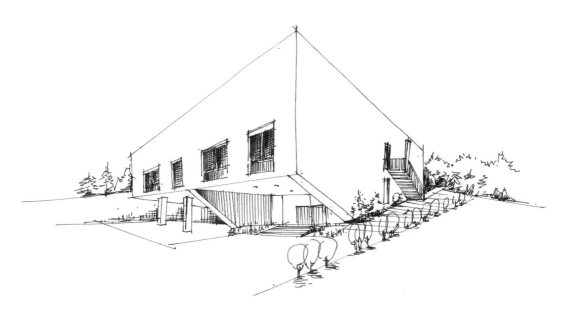

图 7.7　建筑线稿 1

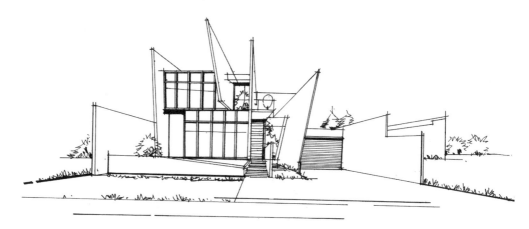

图 7.8　建筑线稿 2

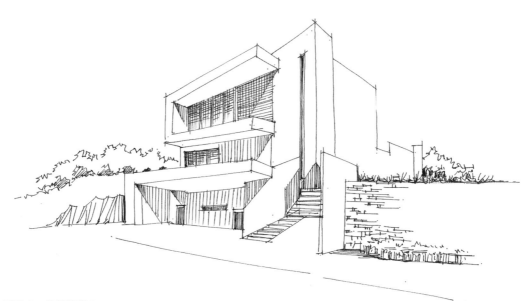

图 7.9　建筑线稿 3

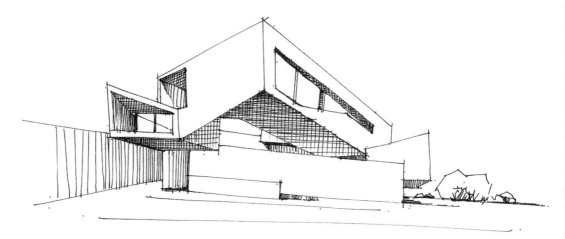

图 7.10　建筑线稿 4

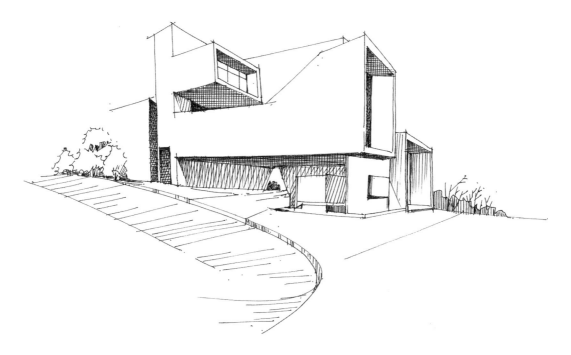

图 7.11　建筑线稿 5

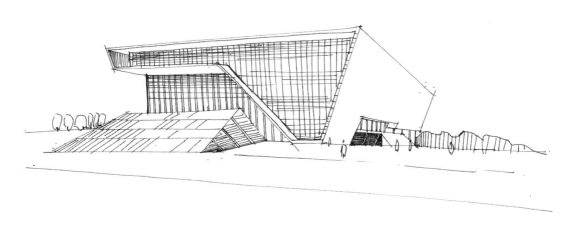

图 7.12　建筑线稿 6

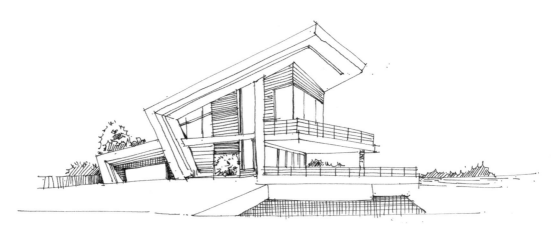

图 7.13　建筑线稿 7

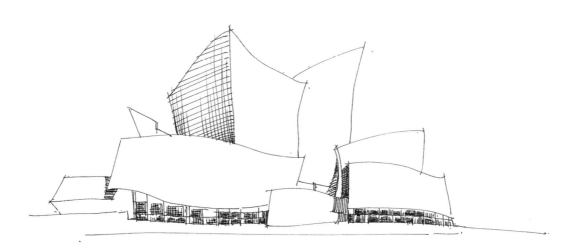

图 7.14　建筑线稿 8

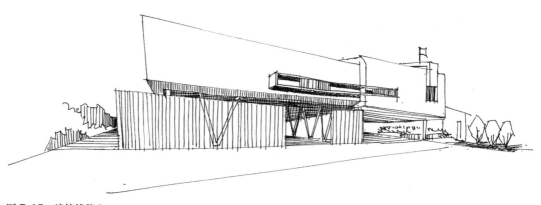

图 7.15　建筑线稿 9

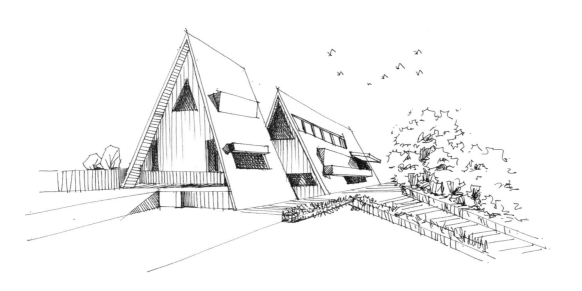

图 7.16　建筑线稿 10

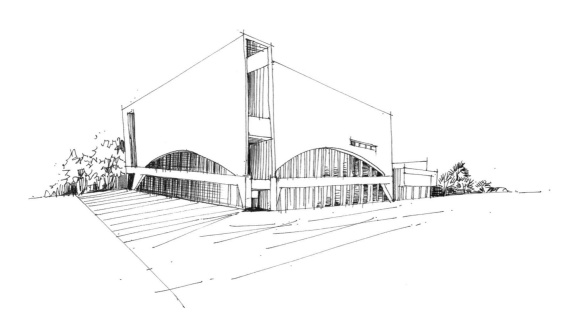

图 7.17　建筑线稿 11

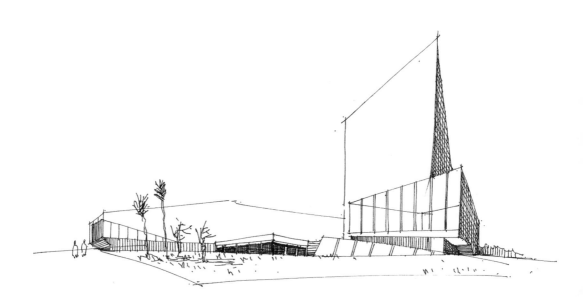

图 7.18　建筑线稿 12

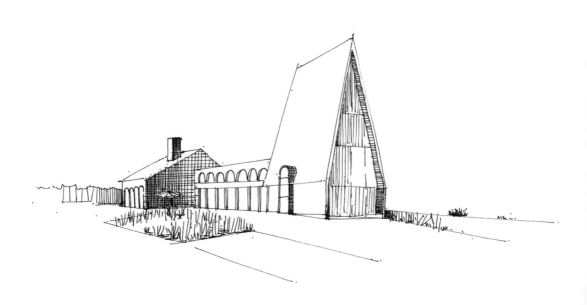

图 7.19　建筑线稿 13

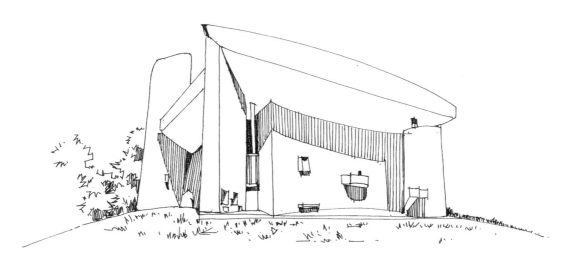

图7.20　建筑线稿14

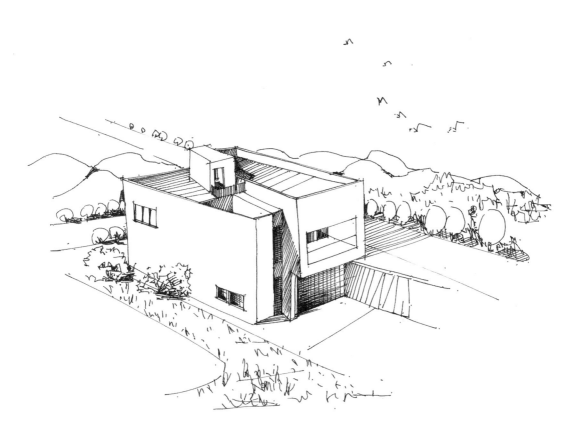

图7.21　建筑线稿15

图 7.22　建筑线稿 16

图 7.23　建筑线稿 17

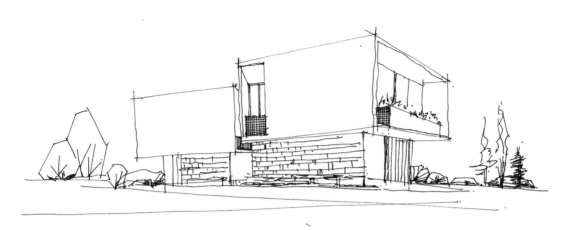

图 7.24　建筑线稿 18

图 7.25　建筑线稿 19

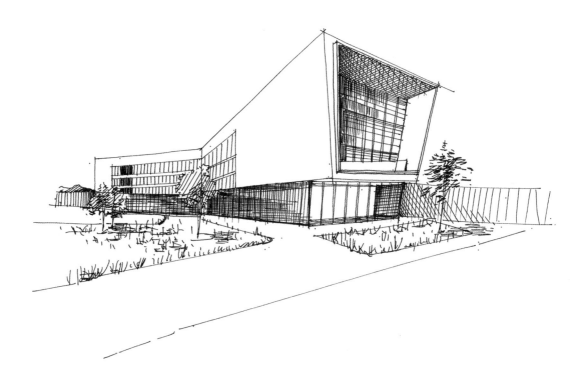

图 7.26　建筑线稿 20

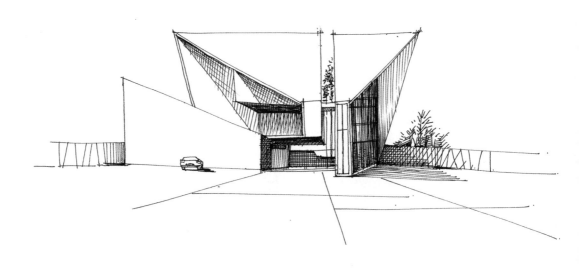

图 7.27　建筑线稿 21

图 7.28　建筑线稿 22

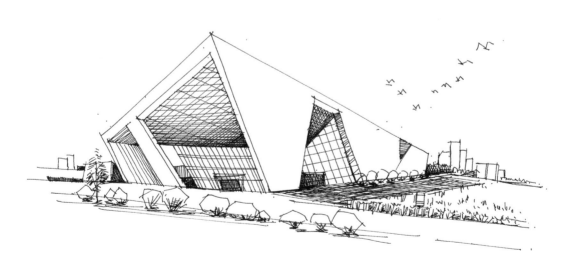

图 7.29　建筑线稿 23

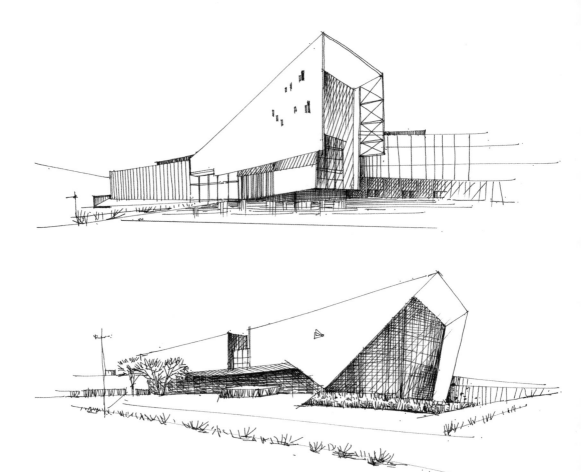

图 7.30 建筑线稿 24

思考与练习

1. 搜集室内和建筑场景的实物照片并进行场景绘制。

2. 运用所学的手绘方法，自行设计并绘制室内场景。

3. 思考如何按照比例绘制室内整体空间。

项目八
马克笔上色练习

一、明确任务：教师讲解学习任务

（一）任务名称：马克笔上色练习

（二）任务内容：马克笔上色笔触的练习

（三）任务目标：

1. 认知目标

了解马克笔的特点以及种类

2. 技能目标

熟练掌握马克笔的运笔方式

3. 课程思政

中国红在我国建筑中的应用

（四）教学方法：讲授、演示、PPT 教学

（五）要求课时：2 课时

二、教学实施计划

序号	项目任务与内容	学生任务	教师任务	实施场所	教学时间	备注
1	项目分析及目标、计划制订	1.明确学习目标，制订实施计划；2.制定项目工作制度和考勤制度	1.布置任务；2.审核计划	教室（多媒体）	5 分钟	—
2	了解马克笔的特点以及种类	学生通过欣赏马克笔表现效果图，了解马克笔的绘图效果；了解马克笔的种类	理论讲解、图片欣赏、案例分析相结合的教学方法		5 分钟	—
3	掌握马克笔的运笔方式	学生观看教师对马克笔运笔方式的讲解和示范	理论讲解、图片分析、教师示范		25 分钟	—
4	学生进行练习	学生进行绘图练习	教师巡回指导，答疑解惑		45 分钟	—
5	教师讲评	学生进行思考	项目教学总结		10 分钟	—

中国红（又称绛色）是三原色中的红色，以此为主色调衍生出中国红系列：娇嫩的榴红、深沉的枣红、华贵的朱砂红、朴浊的陶土红、沧桑的铁锈红、鲜亮的樱桃红、明妍的胭脂红、羞涩的绯红和暖暖的橘红。中国红是中国文化中的重要颜色，代表着喜庆、吉祥、幸福和富贵等含义。不管是在中国传统建筑中，还是在当代建筑中，中国红都被广泛运用，具有鲜明的民族特色和丰富的文化内涵，表达出人们对于吉祥、幸福和富贵的向往。以下是一些中国红在建筑中的应用：

1.宫殿建筑：中国古代的宫殿建筑通常采用红墙黄瓦的设计，代表着皇家的尊贵和威严（图 8.1）。

2.当代建筑：在当代建筑中，中国红也被广泛运用。例如一些高楼大厦的幕墙会采用红色，增加建筑的视觉冲击力从而突出中国文化特色（图8.2）。

图8.1　传统建筑一角　　　图8.2　当代建筑——上海世博会中国馆

关于马克笔笔触的练习，连续用笔要注意控制用笔的速度和力度以及运笔的连续、连贯，即使是断线也要做到笔断意连的视觉感。在进行形体训练时，注意笔头的控制，要去理解速度、力度、方向、长短在表现每一种形体时应该如何去运用。重要的是要注意黑白灰、形体的透视和结构关系。

马克笔的笔触（笔头的粗细差别），一般的马克笔有八个面，笔头每一个面可以绘画出不同宽窄和大小的面，以下是经常会用到的四个面，它们分别是宽面、侧锋面、笔尖面、笔根面（图8.3）。

　　宽面　　　　　　　　　侧锋面　　　　　　　　　笔尖面　　　　　　　　　笔根面
图8.3　马克笔笔触常用的四个面

直线类笔触

一般情况下，我们在 A3 纸上练习马克笔笔触时，都是先练水平和垂直方向的笔触，再练习其他方向上的笔触。在练习垂直方向和水平方向上的笔触时，要注意马克笔要均匀接触到纸面上（图8.4、图8.5）。

图 8.4　垂直方向上的笔触　　　　　　　　　图 8.5　水平方向上的笔触

　　我们除了练习垂直方向和水平方向上的笔触以外，还要练习垂直方向和水平方向上笔触平铺的运笔，同样，运笔要求均匀饱满。这种大面积的色块，通常用得比较多，建议多用一些不常用的马克笔色号进行笔触练习（图 8.6、图 8.7）。

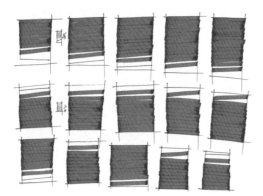

图 8.6　垂直方向上的笔触平铺　　　　　　　图 8.7　水平方向上的笔触平铺

　　在进行马克笔斜笔练习时，一定要注意控制运笔的起落点，运笔的速度要均匀，运笔不留白，保持笔触干脆不卡顿。扫笔笔触的练习，要注意速度与颜色深浅的变化（图 8.8、图 8.9）。

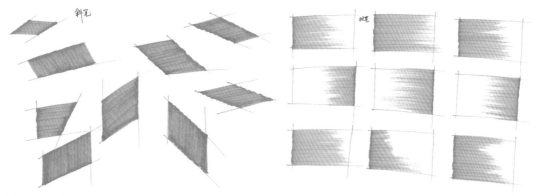

图 8.8　斜笔练习　　　　　　　　　　　　　图 8.9　扫笔练习

笔触的叠加会得到不一样的效果，初学者可以从一支色号的叠加开始练习，每一次叠加都留 1/3 的空白。当练习到一定的阶段后，可以尝试同类色系不同色号的叠加，也可以尝试同类色和不同色的叠加（图 8.10）。

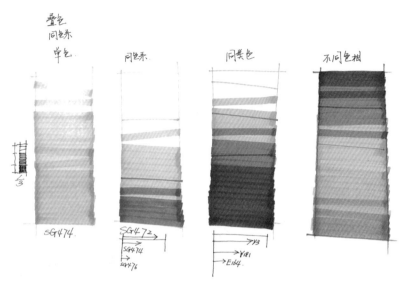

图 8.10　笔触叠加的练习

在进行不同透视方盒子的练习时，主要是针对笔触的收拢与融合进行练习，要做到画面统一、干净、整洁、有说服力（图 8.11）。

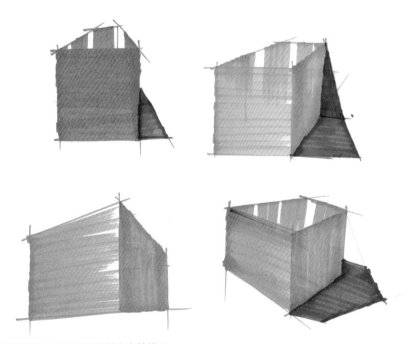

图 8.11　不同透视的方盒子不同笔触方向的练习

曲线类

马克笔笔触弧形、曲线、圆形的练习，需要将马克笔保持流畅、不断墨、不卡顿，要求掌握好速度与力度，特别是对笔头的控制（图 8.12）。

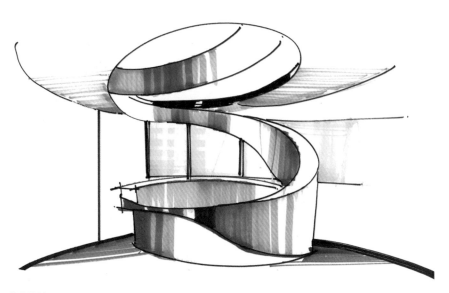

图 8.12　曲线的练习

项目九
单体上色

一、明确任务：教师讲解学习任务

（一）任务名称：单体上色练习

（二）任务内容：单体上色练习

（三）任务目标：

1. 认知目标

了解单体上色的步骤以及技巧

2. 技能目标

熟练掌握单体上色的技巧

（四）教学方法：讲授、演示、PPT 教学

（五）要求课时：2 课时

二、教学实施计划

序号	项目任务与内容	学生任务	教师任务	实施场所	教学时间	备注
1	项目分析及目标、计划制订	1. 明确学习目标，制订实施计划；2. 制定项目工作制度和考勤制度	1. 布置任务；2. 审核计划	教室（多媒体）	5 分钟	—
2	了解单体上色的步骤以及技巧	学生通过分析单体上色的步骤，学习上色的技巧	理论讲解、图片欣赏、案例分析相结合的教学方法		10 分钟	—
3	学生进行练习	学生观看教师讲解和示范，并进行练习	教师示范、巡回指导，答疑解惑		65 分钟	—
4	教师讲评	学生进行思考	项目教学总结		10 分钟	—

单体上色要注意单体的光影关系，色彩的黑白灰关系，也要注意造型方向与透视的变化（图 9.1~ 图 9.3）。

图 9.1　单体上色作品 1

图 9.2　单体上色作品 2

图 9.3　单体上色作品 3

思考与练习

1. 搜集室内场景中的实物照片进行单体绘制。

2. 运用所学知识，将绘制的单体进行上色。

项目十
场景上色

一、明确任务：教师讲解学习任务

（一）任务名称：场景上色练习

（二）任务内容：场景上色练习

（三）任务目标：

1. 认知目标

了解场景上色的步骤及技巧

2. 技能目标

熟练掌握场景上色的技巧；

（四）教学方法：讲授、演示、PPT 教学

（五）要求课时：2 课时

二、教学实施计划

序号	项目任务与内容	学生任务	教师任务	实施场所	教学时间	备注
1	项目分析及目标、计划制订	1.明确学习目标，制订实施计划； 2.制定项目工作制度和考勤制度	1.布置任务； 2.审核计划	教室 （多媒体）	5 分钟	—
2	了解场景上色的步骤以及技巧	学生通过分析场景上色的步骤，学习上色的技巧	理论讲解、图片欣赏、案例分析相结合的教学方法		10 分钟	—
3	学生进行练习	学生观看教师讲解和示范，并进行练习	教师示范、巡回指导，答疑解惑		65 分钟	—
4	教师讲评	学生进行思考	项目教学总结		10 分钟	—

在不同的空间场景展示中，除了展示空间的基本属性，还要展示场景中的一些材质、肌理、色彩等（图 10.1、图 10.2）。

在空间上色时，要注意空间色调，家具之间色彩的搭配等（图 10.3、图 10.4）。

在表现一些场景时，要注意场景氛围的营造（图 10.5、图 10.6）。

建筑场景上色时，要注意场景的透视关系，色彩的明度、纯度、对比度、色彩环境的呼应关系等（图 10.7~ 图 10.10）。

第一步 绘制出空间线稿

第二步 铺出空间大面积固有色

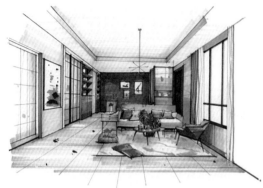

第三步 勾画空间的一些细节

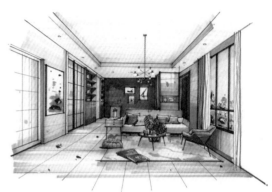

第四步 调整空间氛围

图 10.1 手绘室内场景步骤

图 10.2 客厅空间完成效果

第一步　绘制出场景的基本轮廓

第二步　添加重色，画出每个物体的明暗面

第三步　大面积铺出空间色调

图 10.3　室内场景上色步骤

第四步　给空间中的每个物体上色，并调整细节

图 10.4　接待空间完成效果

第一步　绘制出空间大概效果　　　　　　　　第二步　确定空间光影关系

第三步　空间基本色调的绘制　　　　　　　　第四步　注意每个物体色彩与周围环境的关系

图 10.5　室内场景氛围营造

图 10.6　大厅空间完成效果

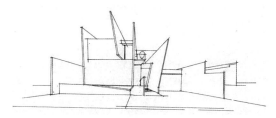

第一步　勾出建筑物的大概轮廓，确保透视关系

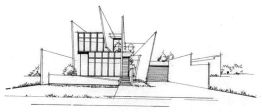

第二步　添加场景细节，并确定投影方向

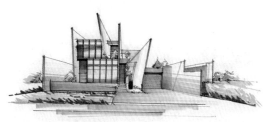

第三步　铺大面积固有色，注意光影关系

图 10.7　建筑场景上色步骤

第四步　调整细节，把握好空间氛围

图 10.8　建筑场景完成效果

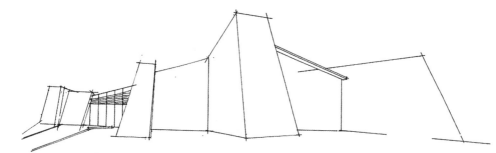

第一步　确定建筑的基本形状及透视关系

第二步　增加建筑细部细节，加重一些光影

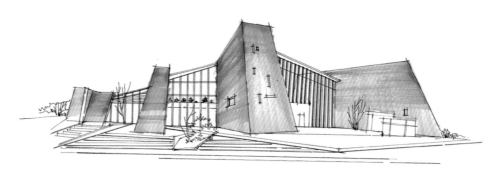

第三步　确定建筑的固有色

第四步　进一步塑造环境氛围

图 10.9　建筑场景绘制步骤

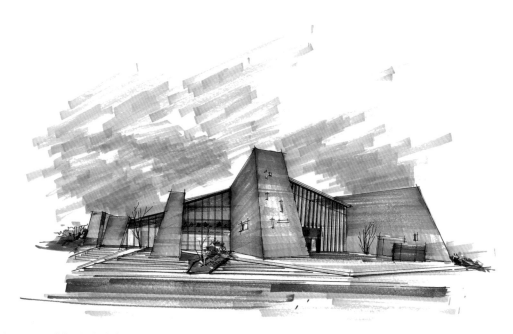

图 10.10　建筑最终完成效果

思考与练习

1. 选择自己喜欢的住宅空间角度的照片，用马克笔进行上色练习。

2. 思考当透视发生变化时，光线和材质会发生什么样的变化?

3. 回顾室内空间着色的表现要点。

项目十一
其他材料表现

一、明确任务：教师讲解学习任务

（一）任务名称：水彩和彩铅等其他材料的表现

（二）任务内容：水彩和彩铅等其他材料的运用练习

（三）任务目标：

1. 认知目标

了解水彩和彩铅的特点以及种类

2. 技能目标

熟练掌握水彩和彩铅的绘画技巧

3. 课程思政

中国画技法——泼墨

（四）教学方法：讲授、演示、PPT教学

（五）要求课时：2课时

二、教学实施计划

序号	项目任务与内容	学生任务	教师任务	实施场所	教学时间	备注
1	项目分析及目标、计划制订	1.明确学习目标，制订实施计划；2.制定项目工作制度和考勤制度	1.布置任务；2.审核计划	教室（多媒体）	5分钟	—
2	了解水彩和彩铅的特点以及种类	学生通过欣赏水彩和彩铅表现效果图，了解水彩和彩铅的绘图效果	理论讲解、图片欣赏、案例分析相结合的教学方法		10分钟	—
3	掌握水彩和彩铅的绘画技巧	学生观看教师对水彩和彩铅运笔方式的讲解和示范	理论讲解、图片分析、教师示范		20分钟	—
4	学生进行练习	学生进行绘图练习	教师巡回指导，答疑解惑		45分钟	—
5	教师讲评	学生进行思考	项目教学总结		10分钟	—

中国画技法——泼墨

泼墨作为中国画创作的一种墨法，古已有之。相传唐代王洽，以墨泼纸素，脚蹴手抹，随其形状为石、为云、为水，应手随意，图出云霞，染成风雨，宛若神巧，俯视不见其墨污之迹。

泼墨法是用极湿墨，即大笔蘸上饱和之水墨，下笔要快，不见点画，等干或将干之后，再用浓墨泼。即在较淡墨上，加上较浓之笔，使这一块淡墨中，增加层次。也有乘淡墨未干时，即用浓墨泼，随水渗开，可见韵致。或者笔头蘸了淡墨之后，再在笔尖稍蘸浓墨，错落点去，一气呵成，即见浓淡墨痕。一幅之中都用泼墨即平，所以间以惜墨法，就是再用干墨或燥墨勾出物象，稍加皴擦即可。泼墨得法，还须见笔，淋漓烂漫，有骨有肉。在干笔淡墨之中，镶上几块墨气淋漓的泼墨，可使画幅神气饱满，画面不平有层次，增强干湿对比的节奏感（图 11.1）。

图 11.1 明 徐渭《杂花图》（局部）

现代亦有以彩色为主的纵笔豪放的画法，称为"泼彩"。

手绘效果图的绘制，除了常用的马克笔表现之外，还可以运用水彩和彩铅等不同的材料表现。

水彩表现

水彩表现要注意水彩的色调、形状、质感以及光感的表现（图 11.2~ 图 11.4）。

图 11.2 水彩表现作品 1

图 11.3　水彩表现作品 2

图 11.4　水彩表现作品 3

彩铅表现

彩铅表现重点要把握好画面的黑白灰关系、调子的方向和形体的塑造（图 11.5、图 11.6）。

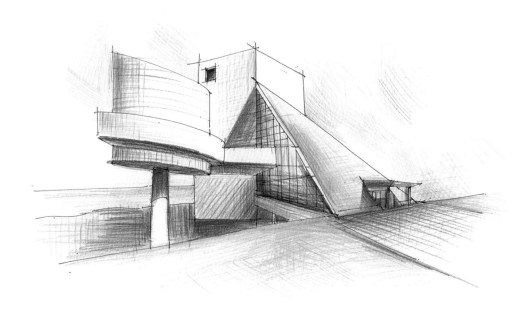

图 11.5 彩铅表现作品 1

图 11.6 彩铅表现作品 2

项目十二
快题设计

一、明确任务：教师讲解学习任务

（一）任务名称：快题设计

（二）任务内容：快题设计

（三）任务目标：

1. 认知目标

了解快题设计任务书，明确设计内容

2. 技能目标

熟练掌握快题设计的表现技巧

3. 课程思政

以人为本的设计理念

（四）教学方法：讲授、演示、PPT 教学方法

（五）要求课时：2 课时

二、教学实施计划

序号	项目任务与内容	学生任务	教师任务	实施场所	教学时间	备注
1	项目分析及目标、计划制订	1. 明确学习目标，制订实施计划；2. 制定项目工作制度和考勤制度	1. 布置任务；2. 审核计划	教室（多媒体）	5 分钟	—
2	了解快题设计任务书，明确设计内容	学生根据任务书设计方案	提供参考案例		10 分钟	—
3	学会利用场景资源，设计分析图；掌握快题设计的表现技巧	学生根据教师的指导，明确思路	教师讲解、分析和示范		20 分钟	—
4	学生进行练习	学生进行绘图练习	教师巡回指导，答疑解惑		45 分钟	—
5	教师讲评	学生进行思考	项目教学总结		10 分钟	—

一切的设计都是以人为中心进行的，在设计过程中，将人的需求、感受和体验放在首位，以满足人的使用需求和提高人的生活质量为目的。设计应该注重人性、人格和能力的需求，不仅仅关注功能的实现，更要考虑使用者的情感、心理和文化差异等因素。在以人为本设计理念的指导下，设计应该充分考虑使用者的需求、习惯、心理和行为模式，以达到更好的用户体验和效果。

往往在快题设计阶段会出现很多问题，特别是比例尺寸方面的问题，以下是一些建筑和室内的常用尺寸数据：

一、建筑快题常用尺寸

门的尺寸

1. 门高：供人通行的门 2~2.4m；设备管井是 1.5~2m。

2. 门宽：一般住宅分户门 0.9~1m，分室门 0.8~0.9m，厨房门 0.8m 左右。高层住宅的门宽一般单扇门 1m，双扇门 1.2~1.8m，再宽就要考虑门扇的制作，双扇门或多扇门的门扇宽以 0.6~1.0m 为宜。管道井供检修的门，宽度一般为 0.6m。

窗的尺寸

1. 窗高：一般住宅电梯中，窗的高度为 1.5m，加上窗台高 0.9m，则窗顶距楼面 2.4m，还留有 0.4m 的结构高度。在公共建筑中，窗台高度 1.0~1.8m 不等，开向公共走道的窗扇，其底面高度不应低于 2.0m。窗台高低于 0.8m 时，应采取防护措施。

2. 窗宽：窗宽一般 0.6m 以上，也要注意全开间的窗宽会造成横墙面上的炫光，这对教室、展览室都是不合适的。

过道

1. 过道宽：住宅中最窄的走道其净宽不应小于 0.8m，这是"单行线"，一般只允许一个人通过。城市道路规定住宅通往卧室、起居室的过道净宽不宜小于 1.0m 的宽度。公共建筑的外走道和公共建筑的过道的净宽，一般都大于 1.2m，以满足两人并行的宽度。通常其两侧墙中距有 1.5~2.4m。

2. 过道高：我们把过道的总高分成下面四个部分：①结构高度；②设备管线高度，一般在 0.6m 左右，视风管的截面、布置方式以及冷凝水管的安排而定；③吊顶的构造高度，一般 0.05m 即可；④净高，这是设计者要认真把握的尺寸，是决定层高的主要因素之一。

女儿墙

一般多层建筑的女儿墙墙高 1.0~1.2m，但高层建筑则至少 1.2m，通常高过胸肩甚至高过头部，达 1.5~1.8m，应该注意的是在标定女儿墙高度时，要扣除隔热保温层及泄水坡升高的构造高度，在高层建筑中这个厚度往往达 0.3m 以上。

楼梯

1. 旋转楼梯的高度（自踏步前缘线算起）不宜小于 0.90m；楼梯扶手高不应小于 1.05m。

2. 楼梯井宽度大于 0.20m 时，扶手栏杆的垂直杆件净空不应大于 0.11m，以防儿童坠落。

3. 楼梯平台净宽除不应小于梯段宽度外，同时不得小于 1.10m。

4. 楼梯应至少一侧设扶手，梯段净宽达三股人流时，应两侧设扶手，达四股人流时，应加设中间扶手。特别要注意的是不允许只设一级踏步，至少要两级，另一个问题是当利用建筑设计作扶手栏杆梯时，必须满足踏步在距内圈扶手或筒壁 0.25m 处，其踏面宽不应小于 0.22m 的要求。

商店

1. 层高：底层一般 5.4~6.0m，其他楼层一般 4.5~5m。

2. 柱网：要配合营业行为特点，一般柱距：$W=2\times$（标准货架宽 0.45m+ 店员通道宽 0.90m+ 标准柜台宽 0.60m+ 购物顾客宽 0.45m）+ 顾客行走宽 0.60m× 顾客股数。

3. 普通营业厅内通道最小净宽：

（1）通道在柜台与墙或陈列窗之间宜为 2.2m。

（2）通道在两个平行柜台之间：①柜台长度均小于 7.5m 时，宜为 2.2m；②柜台长度若为 7.5~15.0m 时，宜为 3.7m；③柜台长度若大于 15.0m 时，宜为 4.0m。

（3）通道一端设有楼梯时，宜为上下两梯段之和加 1.0m。

（4）柜台边与开敞楼梯最近踏步间距 4m，且不小于梯间净宽。

4. 营业部分公用楼梯梯段净宽不小于 1.4m，踏步高不应大于 0.16m，踏步宽不应小于 0.28m。

餐饮建筑

1. 餐厅最低净高：大餐厅平顶 3.0m，异形顶最低点 2.4m；小餐厅平顶 2.6m，异形顶最低点 2.4m。

2. 加工间最低净高宜为 3.0m。

办公楼

1. 办公室净高：一般不低于 2.6m，设空调时可不低于 2.4m。

2. 单面布置走道宽度一般为 1.3~2.2m；双面布置走道则 1.6~2.2m。

3. 走道净高不得低于 2.1m。

4. 办公室常用的开间、进深和层高：

（1）开间：3.0m，3.3m，3.6m，6.0m，6.6m，7.2m；

（2）进深：4.8m，5.4m，6.0m，6.6m；

（3）层高：3.0m，3.3m，3.4m，3.6m。

观众厅

1. 视点高度：电影院是银幕下沿；剧院是大幕投影线中点距地面 0.6~1.1m 处。

2. 舞台高度：剧院的舞台高，当采用镜框式舞台时为 0.6~1.1m；当采用突出式舞台或岛式舞台时为 0.15~0.6m。

3. 视线升高值（视高差）：每排采用 0.12m 时，视线无遮挡；每排采用 0.06m 时，座位要错开排列，且视线有部分边区受遮挡。

4. 排距：长排法 0.9~1.05m；矩排法 0.78~0.80m。

5. 座椅扶手中距：硬椅 0.47~0.50m；软椅为 0.5~0.7m。

6. 座椅排列：短排法双侧有走道时不超过 22 个，单排有走道时不超过 11 个，长排法双侧有走道时不超过 50 个。

7. 走道宽：首排与舞台前沿距离应大于 1.5m，突出式舞台应不小于 2.0m。其余走道按每负担片区的观众数每 100 人 0.6m 计算；且边走道不小于 0.8m，中间走道排距以外及纵走道不小于 1.0m，长排法边走道不小于 1.2m。

8. 走道纵坡：1/10 至 1/6，大于 1/6 时，应做成不大于 0.2m 的台阶。

9. 座席地坪高于前排 0.5m 时或座席侧面紧临有高差的纵向走道或梯步时，应在高处设栏杆。

旅馆客房

1. 净高：有空调时 ≥ 2.4m；无空调时 ≥ 2.6m。利用坡屋顶内空间做客房时，应至少有 8m² 的范围，净高 ≥ 2.4m。

2. 客房内走道宽度应 ≥ 1.1m。

3. 客房门洞宽度一般 ≥ 0.9m；高度 ≥ 2.1m。

4. 客房卫生间地面应低于客房 0.02m。

5. 客房卫生间净高 ≥ 2.1m。

6. 客房卫生间门洞宽 ≥ 0.75m；净高 ≥ 2.1m。

7. 标准层公共走道净高 > 2.1m。

8. 标准层公共走道宽度：单面走廊为 1.2~1.8m；双面走廊 1.6~2.1m。

浴厕

1. 厕所蹲位隔板的最小尺寸，外开门时 0.9m（宽）× 1.2m（深）；内开门时为 0.9m（宽）× 1.4m（深）。

2. 厕所间隔高度应为 1.50~1.80m。

3. 淋浴间隔高度应为 1.80m

4. 并列洗脸盆中心距不应少于 0.70m。

5. 单侧洗脸盆外沿至对面墙的净距不应小于 1.25m。

6. 双侧洗脸盆外沿之间的净距不应小于 1.80m。

7. 浴盆长边至对面墙面的净距不应小于 0.65m。

8. 并列小便的中心距不应小于 0.65m。

9. 单侧隔间至对面墙面的净距，当采用内开门时不应小于 1.10m。

10. 单侧厕所隔间至对面小便器外沿的净距，当采用内开门时，不应小于 1.10m；当采用外开门时，不应小于 1.30m。

二、室内设计常用尺寸

墙面尺寸

（1）踢脚板高：80~200mm；

（2）墙裙高：800~1500mm；

（3）挂镜线高（画中心距地面高度）：1600~1800mm。

餐厅

（1）餐桌高：750~790mm；

（2）餐椅高：450~500mm；

（3）圆桌直径：2人桌，500mm或800mm；4人桌，900mm；5人桌，1100mm；6人桌，1100~1250mm；8人桌，300mm；10人桌，1500mm；12人桌，1800mm；

（4）方餐桌尺寸：2人桌，700mm×850mm；4人桌，1350mm×850mm；8人桌，2250mm×850mm；

（5）餐桌转盘直径：700~800mm；

（6）餐桌间距：应大于1000mm（其中座椅占500mm）；

（7）主通道宽：1200~1300mm；

（8）内部工作道宽：600~900mm；

（9）（酒吧台高）：900~1050mm，宽500mm；

（10）酒吧凳高：600~750mm。

商场营业厅

（1）单边双人走道宽：1600mm；

（2）双边双人走道宽：2000mm；

（3）双边三人走道宽：2300mm；

（4）双边四人走道宽：3000mm；

（5）营业员柜台走道宽：800mm；

（6）营业员货柜台：厚600mm，高800~1000mm；

（7）单靠背立货架：厚300~500mm，高1800~2300mm；

（8）双靠背立货架：厚600~800mm，高1800~2300mm；

（9）小商品橱窗：厚500~800mm，高400~1200mm；

（10）陈列地台高：400~800mm；

（11）敞开式货架：400~600mm；

（12）放射式售货架：直径2000mm；

（13）收款台：长1600mm，宽600m。

酒店客房

（1）床：高400~450mm，床靠高850~950mm；

（2）床头柜：高500~700mm，宽500~800mm；

（3）写字台：长1100~1500mm，宽450~600mm，高700~750mm；

（4）行李台：长910~1070mm，宽500mm，高400mm；

（5）衣柜：宽800~1200mm，高1600~2000mm，深500mm；

（6）衣架高：1700~1900mm。

卫生间

（1）卫生间面积：一般 3~5m²；

（2）浴缸长度一般有三种：1220mm、1520mm、1680mm，宽 720mm，高 450mm；

（3）坐便：750mm×350mm；

（4）冲洗器：690mm×350mm；

（5）盥洗盆：550mm×410mm；

（6）淋浴器高：2100mm；

（7）化妆台：长 1350mm，宽 450mm。

交通空间

（1）楼梯间休息平台净空不小于 2100mm；

（2）楼梯跑道净空不小于 2300mm；

（3）客房走廊高不小于 2400mm；

（4）两侧设座的综合式走廊宽度不小于 2500mm；

（5）楼梯扶手高：850~1100mm；

（6）门宽的常用尺寸：850~1000mm；

（7）窗的常用尺寸：宽 400~1800mm（不包括组合式窗子），窗台高：800~1200mm。

主要常用家具

（1）沙发

单人式：长度 800~950mm，深度 850~900mm，坐垫高 350~420mm，背高 700~900mm；

双人式：长度 1260~1500mm，深度 800~900mm；

三人式：长度 1750~1960mm，深度 800~900mm；

四人式：长度 2320~2520mm，深度 800~900mm。

（2）茶几

长方形（小型）：长度 600~750mm，宽度 450~600mm，高度 380~500mm（380mm 最佳）；

长方形（中型）：长度 1200~1350mm，宽度 380~500mm 或者 600~750mm；

长方形（大型）：长度 1500~1800mm，宽度 600~800mm，高度 330~420mm；

圆形：直径 75mm、90mm、105mm、120mm，高度 330~420mm；

正方形：长度 750~900mm，高度 430~500mm。

（3）书桌

固定式：深度 450~700mm（600mm 最佳），高度 750mm；

活动式：深度 650~800mm，高度 750~780mm，长度最少 900mm（1500~1800mm 最佳）

（4）餐桌

高度一般 750~780mm，正方桌宽度一般有 1200mm、900mm、750mm；

长方桌宽度一般有 800mm、900mm、1050mm、1200mm，长度一般有 1500mm、1650mm、1800mm、2100mm、2400mm。

（5）圆桌

直径一般有 900mm、1200mm、1350mm、1500mm、1800mm。

（6）书架

深度 250~400mm（每格），长度一般 600~1200mm；下大上小型书架的下方深度 350~450mm，高度 800~900mm。

灯具

（1）大吊灯最小高度：2400mm；

（2）壁灯安装高度：1500~1800mm；

（3）反光灯槽最小直径应不小于灯管直径的两倍；

（4）壁式床头灯高度：1200~1400mm；

（5）照明开关高度：1000mm。

其他尺寸

（1）衣橱：深度一般 600~650mm，衣橱门宽度：400~650mm；

（2）矮柜：深度 350~450mm，柜门宽度 300~600mm；

（3）电视柜：深度 450~600mm，高度 600~700mm；

（4）单人床：宽度 900mm、1050mm、1200mm，长度 1800mm、1860mm、2000mm、2100mm；

（5）双人床：宽度 1350mm、1500mm、1800mm，长度 1800mm、1860mm、2000mm、2100mm；

（6）圆床：直径一般有 1900mm、2200mm、2400mm；

（7）窗帘盒：高度 120~180mm，深度单层布 120mm、双层布 160~180mm。

三、设计分析图

分析图在快题设计中很重要，它是我们进行快题方案设计构思的前期积累，也是我们在不断推敲和设计过程中的灵感记录。不论再好的方案或是优秀的效果图，前期都需要设计理论和设计分析图来作为支撑，让我们的设计更有说服力，同时也能更好地传达我们的设计构思（图 12.1、图 12.2）。

四、快题案例

案例一：城市更新项目——老旧户型改造

本项目位于贵阳市的一个以老年人居住为主的小区，是一个"城市旧房改造更新"项目，

    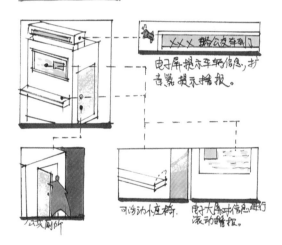

图 12.1 快题空间与视线分析图 1

根据业主的诉求，设计师经过现场踏勘，分别对相应的现实条件及需求进行了设计。

实际存在的问题：

1. 贵阳冬季潮湿寒冷，老旧小区无供暖设施设备，对老年人来说很不方便；

2. 该户型的交通流线混乱，需要对交通动线重新进行规划设计；

3. 色彩搭配不协调，风格不统一；

4. 小区出现墙体表面脱落和漏水现象，需要进行重新改造设计；

5. 空间功能上要增加老年人之间、老年人与年轻人之间的交流，在设计时要注意提供一个相互交流的空间，同时也要注意老年人的私密性；

图 12.2 快题空间与视线分析图 2

6. 由于老旧小区多数是砖混结构，尽量不要拆除墙体，防止荷载不均，以免造成安全事故。

根据以上要求，设计师进行了一系列的改造更新设计，以下是与业主确认过后的具体方案（图 12.3~ 图 12.6）。

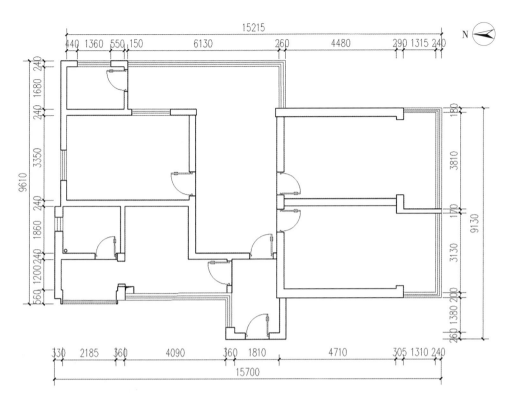

图 12.3 项目原始平面图

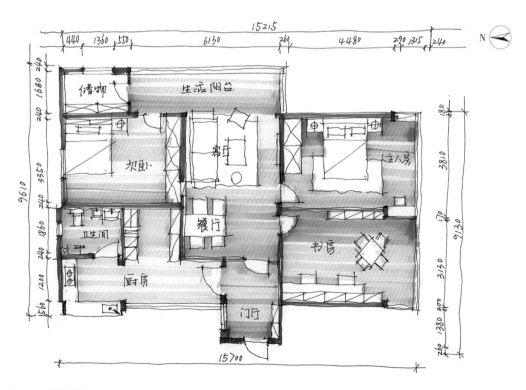

图 12.4 平面布置图

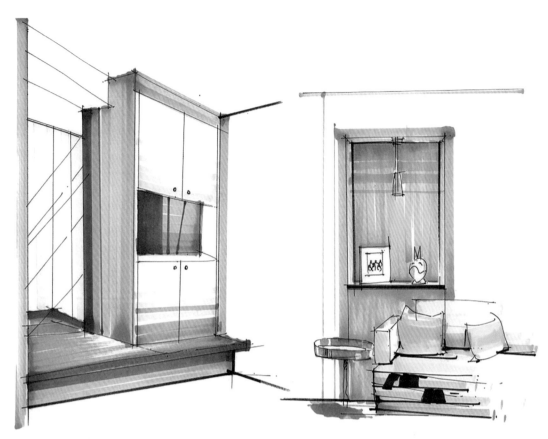

图 12.5　室内效果图一角

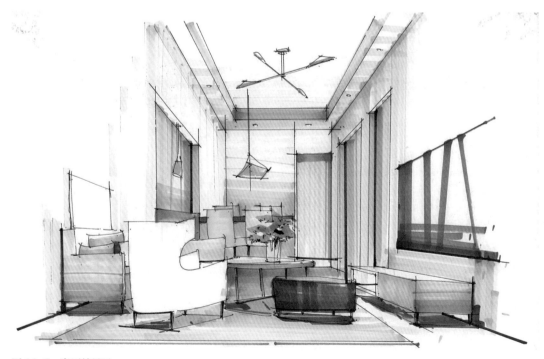

图 12.6　客厅效果图

案例二：技能大赛案例——广州番禺职业技术学院学生备赛方案

任务说明

设计内容："山竹含苞待放时，红绿交错色彩齐"主题大学生创客中心

设计背景：本案坐落于某公办大学，创客中心以"山竹含苞待放时，红绿交错色彩齐"为主题，具有浓厚的校园文化底蕴，主题鲜明、个性突出，丰富了当代大学生的校园生活。空间概况请参照附件中的平面图及基本空间模型文件，南面为主入口，层高 6.0m，外门高 2.5m（图 12.7）。

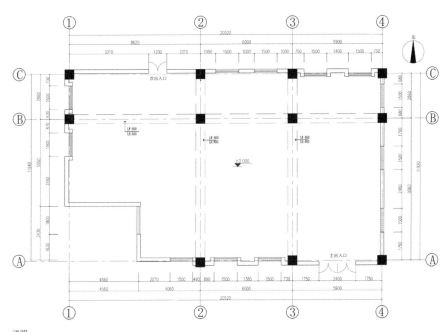

说明：
1. 框架结构，层高 6.0m，梁高 0.5m，楼板厚 0.1m，外门高 2.5m，窗台距地 0.9m，窗高 3.0m。
2. 所有柱子尺寸均为 0.6m×0.6m。

图 12.7　建筑框架图

专业基础及手绘构思设计方案（竞赛时长：2 小时）

（1）模块 1-1：手绘室内平面布局草图一张

根据提供的建筑框架图，结合主题设计平面布局草图，空间设计围绕"山竹含苞待放时，红绿交错色彩齐"主题进行设计规划。平面布局设计中，空调及消防系统等封闭式空间不在此次设计范围内。

在 A3 绘图纸一上绘制平面布局草图，比例自定，在不改变外墙结构的基础上进行布局与设计。平面布局草图绘制与表现手法不限，但在图中应能明确体现功能布局与流线设计，能进行较为明确的文字与设计尺寸标注，图中可以适当上色以增加材料及画面表现效果（图 12.8）。

（2）模块 1-2：手绘体现主题的装饰贴图一张，并附构思创意过程草图

在 A3 绘图纸二上，根据赛题绘制体现主题的装饰贴图一张，并附构思创意过程草图，可将提炼的元素应用于该空间的任意界面和陈设品设计中。规格、尺寸、材料自定，工具及表现手法不限（图 12.9）。

（3）模块 1-3：手绘主题装饰元素草图一张，并编写 100 字以上设计说明

在 A3 绘图纸三上，根据赛题所要求的主题设计绘制装饰元素草图以及装饰元素的推导创意过程，不限画面形式与表现方式、图形数量，可将构思过程、图形演化、造型推演等综合表现在一起，并可适当添加文字说明，大小尺寸自定。图形轮廓线用针管绘图笔，其他工具、色彩及表现手法自定（图 12.10）。

编写一段不少于 100 字的设计说明，设计说明应归纳概括并准确表达设计过程及创新亮点等，采用黑色针管绘图笔，要求书写工整清晰，在页面中的位置及大小自定。

（4）模块 1-4：手绘体现主题元素的彩色界面草图一张，附创意推导过程

在 A3 绘图纸四上，根据平面图及初步设计方案，选择某一最能反映设计构思及设计元素的界面（可选取界面局部），绘制水平投影图，比例自定。界面设计中应体现主题设计元素的运用，并附创意推导过程。图形轮廓线及标注采用针管绘图笔，其他工具及表现手法自定，可以适当上色以增加材料及画面的表现效果（图 12.11）。

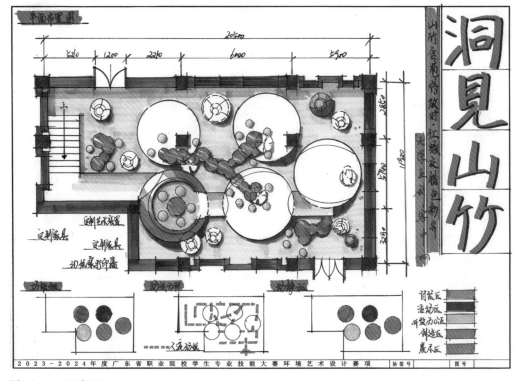

图 12.8　平面布置图

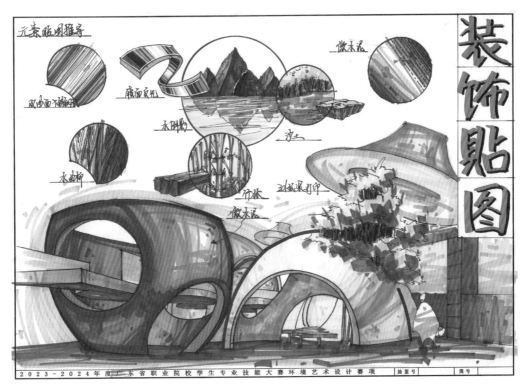

图 12.9　元素贴图推导

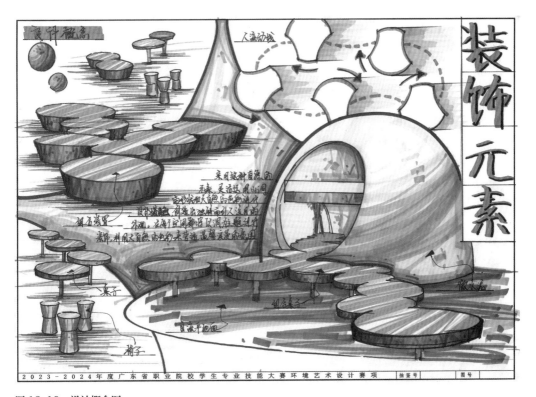

图 12.10　设计概念图

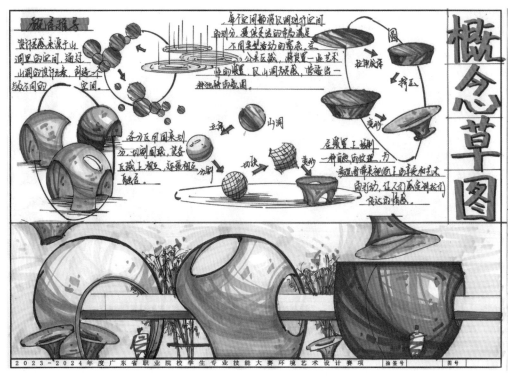

图 12.11　概念推导图

五、优秀快题案例（图 12.12~ 图 12.14）

图 12.12　如期而归——社区公共交流空间快题设计 1

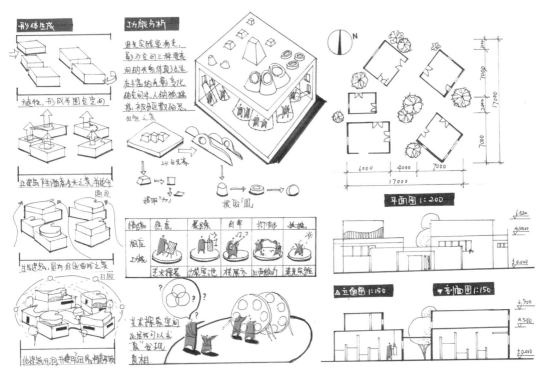

图 12.13　如期而归——社区公共交流空间快题设计 2

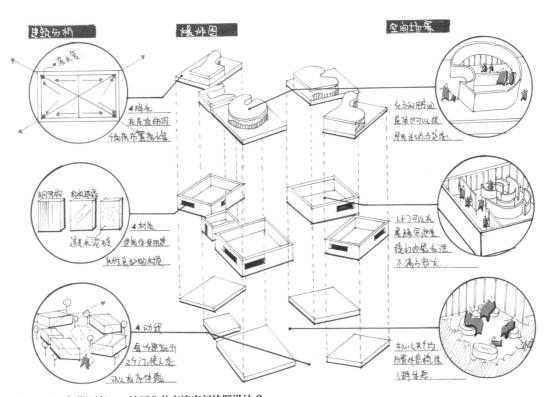

图 12.14　如期而归——社区公共交流空间快题设计 3

思考与练习

设计一个 10m × 10m 的个人公寓，设计风格自定。

1. 要求主题鲜明、设计合理，各项功能完备。

2. 时间 8 小时。

3. 设计成果，须有设计说明、平面图、立面图、剖面图、轴测图或者效果图等。

项目十三
优秀作品欣赏

作者：钟鹤林

作者：钟鹤林

作者：钟鹤林

作者：钟鹤林

作者：钟鹤林

作者：钟鹤林

作者：钟鹤林

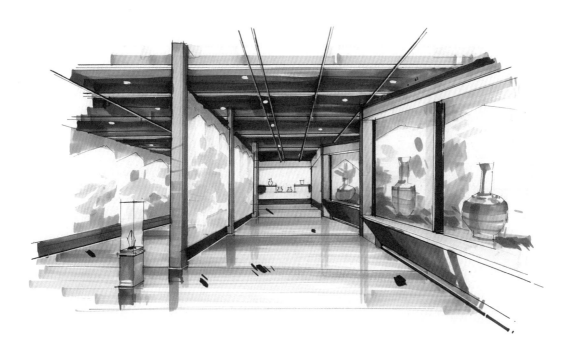

作者：钟鹤林

作者：钟鹤林

作者：钟鹤林

作者：钟鹤林

作者：钟鹤林

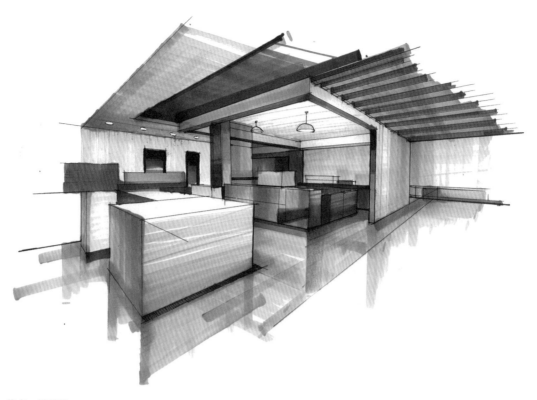

作者：钟鹤林

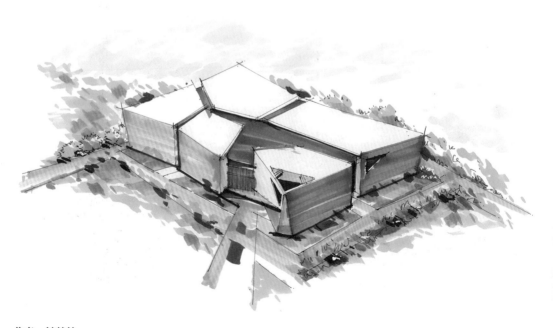

作者：钟鹤林

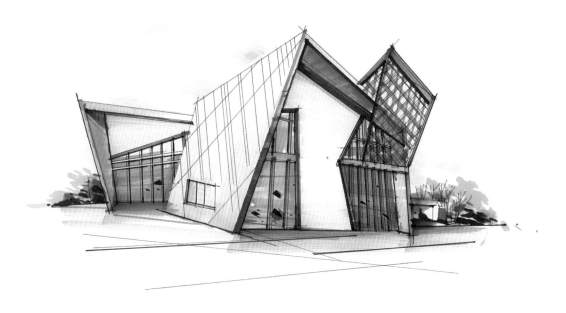

作者：钟鹤林

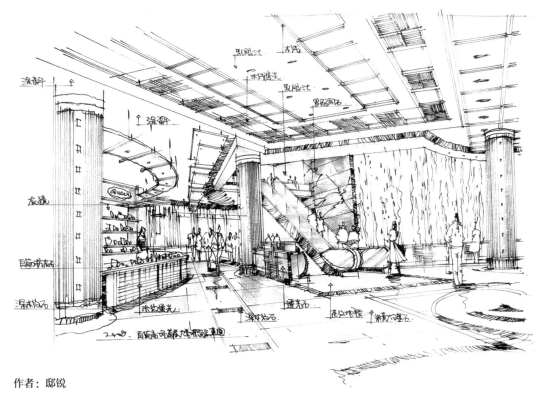

作者：邸锐

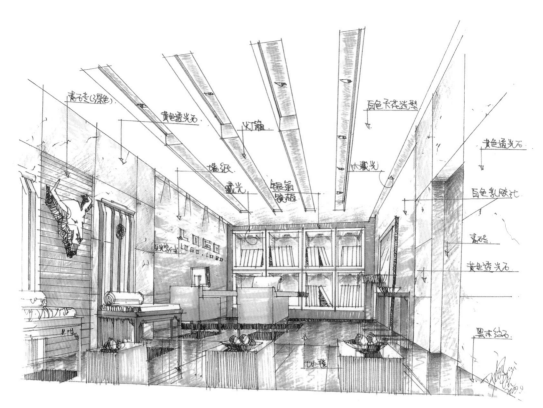

作者：邸锐

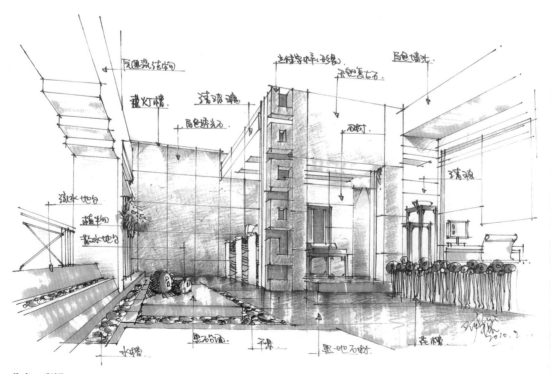

作者：邸锐

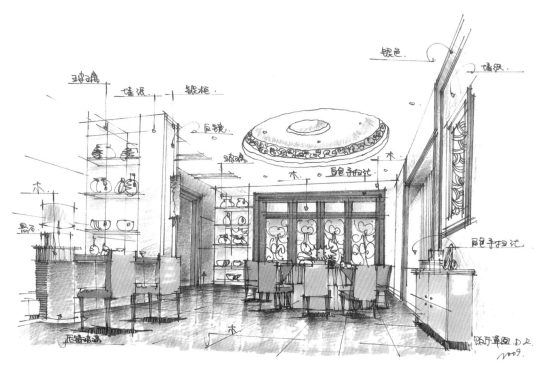

作者：邸锐

作者：邸锐

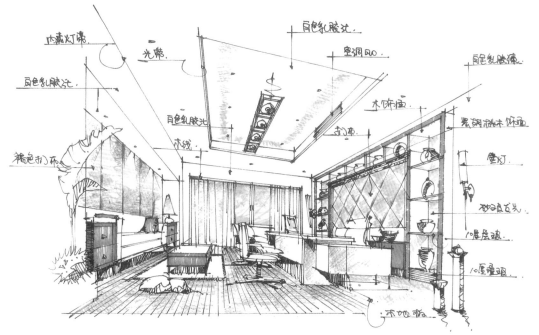

作者：邸锐

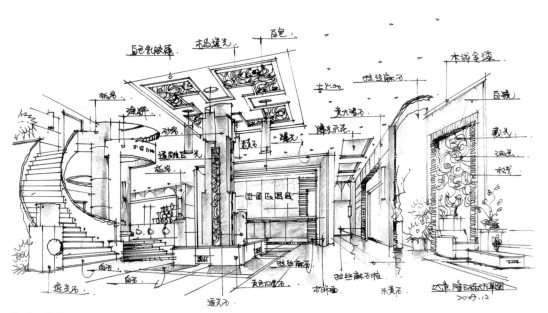

作者：邸锐

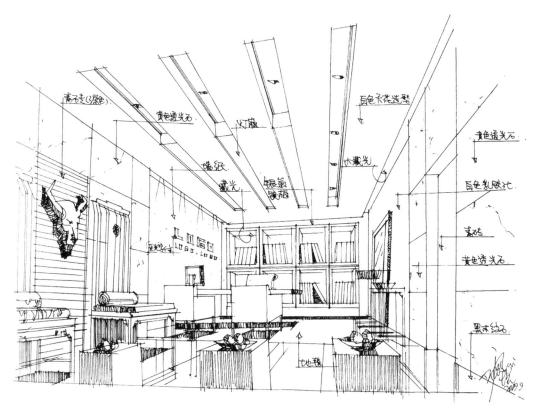

作者：邸锐

作者：邸锐

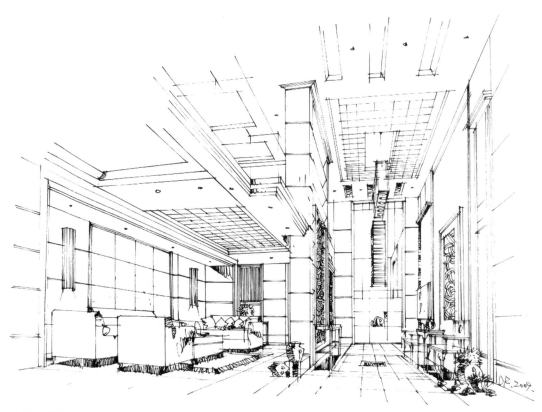

作者：邸锐

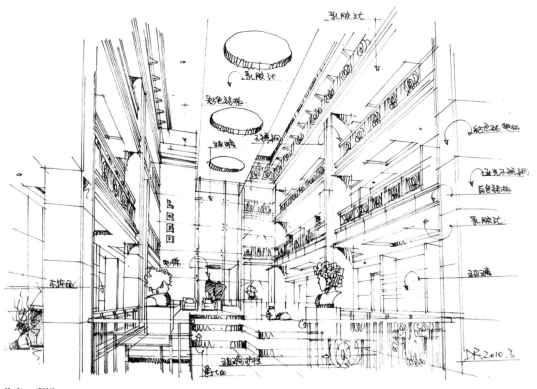

作者：邸锐

作者：邸锐

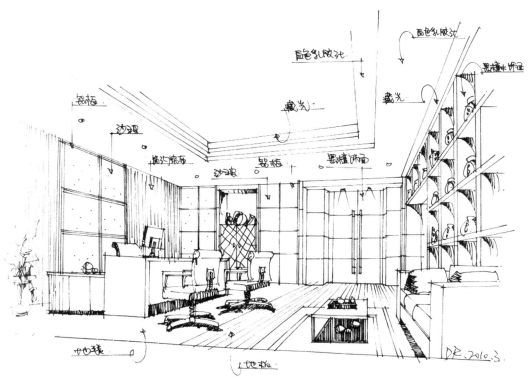

作者：邸锐

作者：邸锐

作者：邸锐

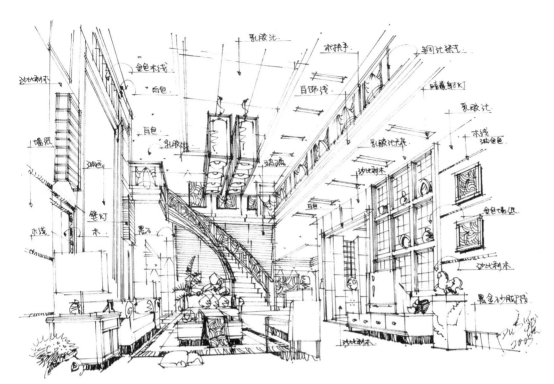

作者：邸锐

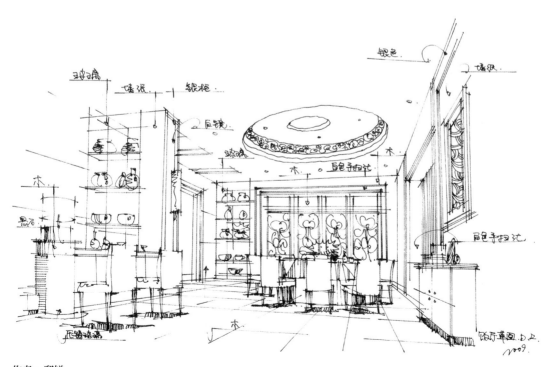

作者：邸锐

作者：邸锐

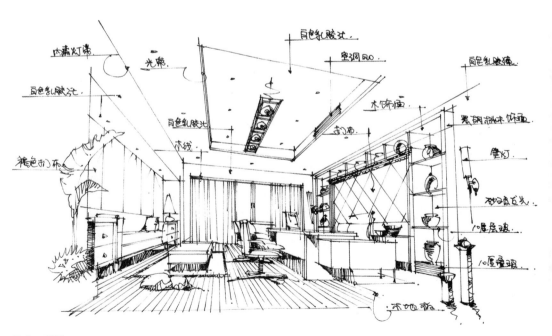

作者：邸锐

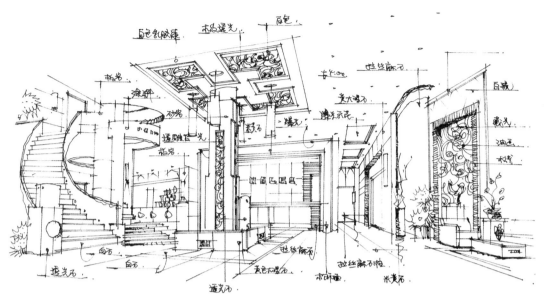

作者：邸锐

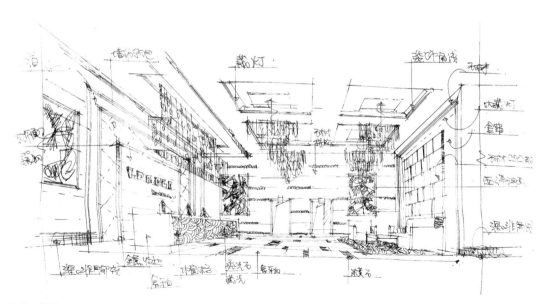

作者：邸锐

作者：邸锐

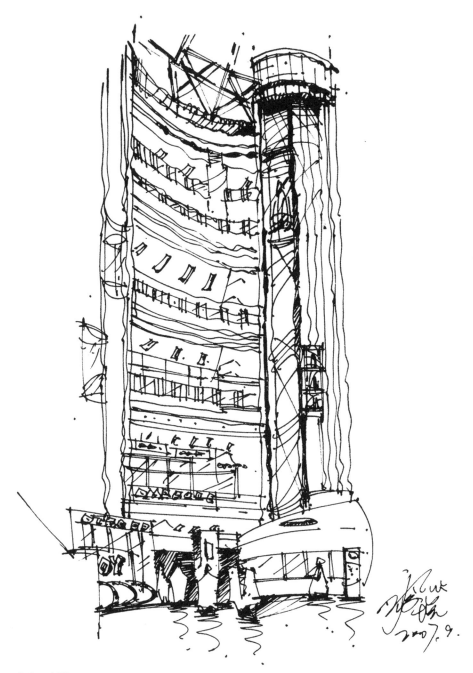

作者：邸锐

作者：邸锐

作者：邸锐

作者：邸锐

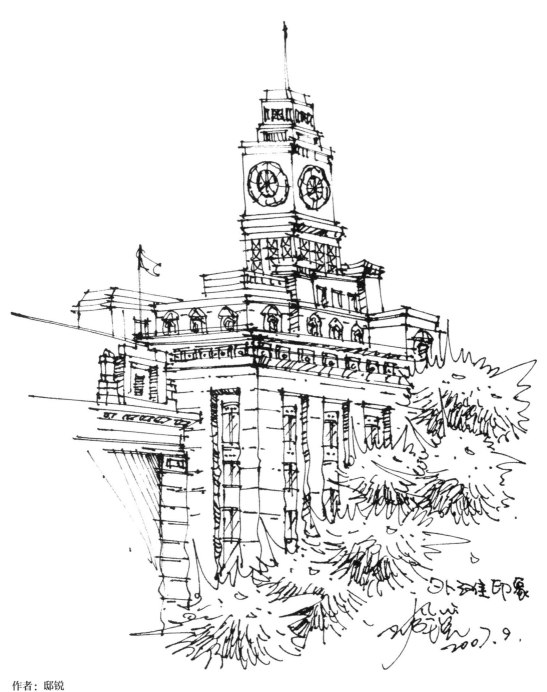

作者：邸锐